智能变电站运维技术

国网成都供电公司 组编

中国电力出版社
CHINA ELECTRIC POWER PRESS

内 容 提 要

随着我国低碳经济方式逐步转变，智能电网技术日臻完善，智能变电站已进入全面推广建设阶段。与常规变电站相比，智能变电站存在设备类型、通信标准、数据传输、应用支持等诸多技术差异，智能变电站运维工作面临新的挑战。

本书共分为 6 章，主要内容包括智能变电站基础知识、智能变电站压板与定值、智能变电站"两票"解析、智能装置巡视与异常告警解析、智能变电站设备验收、智能变电站程序化操作。

本书可供变电运维人员、设备检修人员和安全生产管理人员使用，也可作为供电企业新入职员工培训学习的参考资料。

图书在版编目（CIP）数据

智能变电站运维技术 / 国网成都供电公司组编 . —北京 ： 中国电力出版社，2017.11（2022.4重印）
ISBN 978-7-5198-0980-5

Ⅰ . ①智… Ⅱ . ①国… Ⅲ . ①智能系统—变电所—电力系统运行　Ⅳ .① TM63

中国版本图书馆 CIP 数据核字（2017）第 168902 号

出版发行：中国电力出版社
地　　址：北京市东城区北京站西街 19 号（邮政编码 100005）
网　　址：http://www.cepp.sgcc.com.cn
责任编辑：王春娟（010-63412350）　　周秋慧（010-63412627）
责任校对：马　宁
装帧设计：郝晓燕　左　铭
责任印制：石　雷

印　　刷：北京瑞禾彩色印刷有限公司
版　　次：2017 年 11 月第一版
印　　次：2022 年 4 月北京第三次印刷
开　　本：710 毫米 ×980 毫米　16 开本
印　　张：14
字　　数：153 千字
印　　数：3501—4000 册
定　　价：82.00 元

全球化石能源的生产、运输、加工和使用对生态环境已经造成严重的污染和破坏。因此，调整和改善能源结构，降低化石能源比重，迫切需要加快能源革命的步伐。低碳、清洁的能源发展理念使电力在未来能源体系中扮演着越来越重要的角色，智能电网逐渐成为能源互联网的核心组成部分。

2016年11月7日，国家发展和改革委员会、国家能源局正式发布《电力发展"十三五"规划》，把推进"互联网+"智能电网建设列为重点任务，全面建设智能变电站，推广在线监测、状态诊断、智能巡检等高级应用。智能电网是承载现代能源体系建设、推动我国能源生产和消费革命的重要支撑。智能变电站是智能电网建设发展的重要环节，国家电网公司在各省（自治区、直辖市）公司大力推动智能变电站新建和变电站智能化改造进程。

我国的智能变电站发展先后经历了试点建设、经验总结、标准制定等探索阶段，从2013年起正式进入"标准化设计、模块化建设"的全面推广建设阶段，智能变电站的全面建设意味着技术的加速更迭。不同于常规变电站总线式数据传输方式，智能变电站采用具有广泛适用性的IEC-61850通信协议，用光纤通信网络让二次设备间实现了网络化的信息共享，使各种设备能以统一的"语言"实现互操作，这一智能化特征为变电站全景式监控和高级应用提供了技术保证，同时，也让设备的运行、检修、维护作业规范发生相应变化，智能变电站的安全运维需要更多的通信、计算机信息知识作为支撑。

在智能电网提速发展的背景下，电网安全生产形势更显复杂，急需变电运维人员扩展知识领域，更新技术技能，更好地与网络化、智能化设备协同互动。目前，智能变电站运维技术培训多来自检修调试人员或设备厂家提供的技术咨询，此类培训通常结构简单、内容零散，且未能从运维人员的视角对整个智能变电站运维工作进行梳理和解析，使得大量运维人员对智能变电站的知识体系掌握不完整、对技术要点理解不透彻，为智能变电站安全运行埋下了隐患。

为此，国网成都供电公司组织智能变电站专家和一线运维人员团队，根据运维岗位日常工作、结合相关行业标准及管理要求，编制了本书。本书从智能变电站基础知识、智能变电站压板与定值、智能变电站"两票"解析、智能装置巡视与异常告警解析、智能变电站设备验收、智能变电站程序化操作等方面对智能变电站进行了详细介绍。本书内容通俗易懂、条理清晰、重点突出，配有大量现场照片，并通过智能变电站和常规变电站一、二次设备结构及功能的对比，帮助读者突破理解障碍，加深读者对难点的记忆。本书可供变电运维人员、设备检修人员和安全生产管理人员使用，也可作为供电企业新入职员工培训学习的参考资料。

本书的编写出版得到了国网成都供电公司诸多技术专家的大力支持，在此对他们的付出表示感谢。

鉴于编者水平，书中难免存在疏漏之处，恳请广大读者批评指正。

编者

2017年10月

目　录

前言

第一章
智能变电站基础知识

和常规变电站相比，智能变电站以IEC 61850标准为通信规约来完成设备之间的信息交互，二次系统大量采用光纤网络来实现数据的高效传输，通过使用合并单元、智能终端等智能装置使一次部分更加智能化，支持实时自动控制等多种高级应用。智能变电站具备数据测量精度高、数据传输可靠性高、设备支持互操作等诸多技术优势，在电网发展中占据越来越重要的位置。智能变电站多采用"三层两网"体系结构，将全站设备划分为过程层、间隔层和站控层，通过过程层网、站控层网来满足不同设备层次间的数据通信需求。可通过直采和网采两种形式采集电气量数据，通过直跳和网跳两种形式来发送跳闸指令。本章主要讲述智能变电站基础知识，包括智能变电站的体系结构、主要技术特点及优势，合并单元、智能终端、电子式互感器、保护装置等典型智能装置的概念、分类及主要功能，合并单元、智能终端、保护装置等设备的配置方案和过程层网络的组网方案。

第一节 智能变电站概述

一、变电站发展历程

纵观变电站发展历程（如图1-1所示），20世纪90年代以前，常规变电站保护装置主要采用晶体管、集成电路，二次设备按照常规方式布置，各部分独立运行。到20世纪末，随着微机保护技术和计算机技术的发展，变电站二次设备功能得以重新组合、优化设计，建成了变电站综合自动化系统，实现对变电站设备运行情况的监视、测量、控制和协调。21世纪初，随着数字化技术的不断进步和IEC 61850标准在国内的推广应用，出现了基于IEC 61850通信标准的数字化变电站，实现了过程层设备数字化、信息传输网络化。在数字化变电站基础上，面向智能电网，在过程层使用电子式互感器、合并单元、智能终端等智能组件，在间隔层使用交换机、光纤等网络设备，不断完善高级应用，逐步发展成为现今的智能变电站。

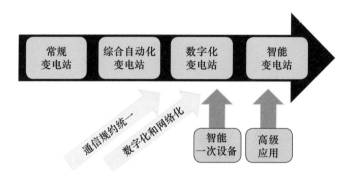

图1-1 变电站发展历程

二、智能变电站定义

根据Q/GDW 383—2009《智能变电站技术导则》，智能变电站是指采用先进、可靠、集成、低碳、环保的智能装置，以全站信息数字化、通信平台网络化、信息共享标准化为基本要求，自动完成信息采集、测量、控制、保护、计量和监控等基本功能，并根据需要支持电网实时自动控制、智能调节、在线分析决策、协调互动等高级功能的变电站。

一般来说，智能变电站就是利用现代传感测量技术、通信技术、计算机及网络技术、智能控制技术等，将原来的模拟信号经过智能组件转换为数字信号，通过光纤传输数据信息，达到自动监测、控制、保护、计量等功能的变电站。智能变电站具有信息数字化、功能集成化、结构紧凑化、状态可视化等主要技术特征，符合易扩展、易升级、易改造、易维护的工业化应用要求，能够实现比常规变电站范围更宽、层次更深、结构更复杂的信息采集和信息处理功能，变电站内、站与调度、站与站之间、站与大用户和分布式能源的互动能力更强，信息的交换和融合更方便快捷，控制手段更灵活可靠。

三、智能变电站体系结构

（一）"三层两网"结构

智能变电站采用"三层两网"结构，将全站设备划分为过程层、间隔层和站控层，由过程层网络、站控层网络来满足不同设备层次间的数据通信需求。智能变电站"三层两网"结构如图1-2所示。

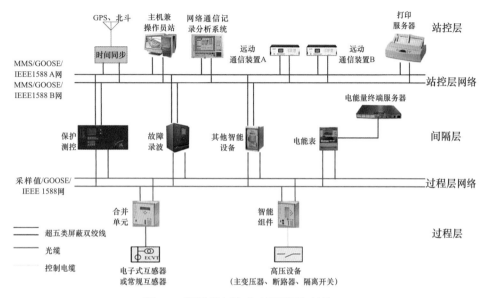

图1-2　智能变电站"三层两网"结构

过程层包括变压器、断路器、隔离开关、电流/电压互感器等一次设备及实现其智能化的合并单元、智能终端等智能电子设备（IED）组成的智能组件。

间隔层一般包括继电保护装置、系统测控装置、监测功能组主IED等二次设备，仅使用相应间隔的数据并且作用于该间隔一次设备，与各种远方输入/输出、传感器和控制器通信。

站控层包括自动化站级监视控制系统、站域控制、通信系统、对时系统等，实现面向全站设备的监视、控制、告警及信息交互功能，完成数据采集和监视控制（SCADA）、操作闭锁以及同步相量采集、电能量采集、保护信息管理等相关功能。

过程层网络用于过程层、间隔层设备的信息交换，包括GOOSE网和SV网。GOOSE网主要用于保护设备间联闭锁信息交互、间隔层与过程层之间控制命令传递以及断路器与隔离开关等开关量信息采集，SV网主要用于合并单元与保护、测控、录波装置间采样数据的传输。220kV智能变电站过程层网络分220kV和110kV两个电压等级，GOOSE网和SV网均为A、B网双网配置。110kV智能变电站过程层网络只有110kV电压等级，GOOSE网和SV网为A网单网配置。

站控层网络用于站控层设备和间隔层设备间的信息交换，220、110kV智能变电站站控层网络均A、B网双网配置，汇总全站实时数据信息。

（二）通信标准

智能变电站中，统一的通信标准是实现全站信息数字化、通信平台网络化、信息共享标准化的基础。国际电工委员会颁布的IEC 61850通信标准，是电力系统自动化领域唯一一个全球通用标准，提供MMS、GOOSE、SV三类通信服务，满足了智能变电站工程运作的标准化要求，使智能变电站的工程实施变得规范、统一和透明。它通过一系列规范化约束，使各个设备能够形成规范的数据输出，进而实现不同厂家设备之间的互操作和信息共享。

IEC 61850面向变电站工程对象建模，使得二次系统在结构、通信、连接以及工程应用方式等方面更易于标准化。通过采用过程层光纤网络和智能组件的方式，简化了现场二次回路，提高了系统运行可靠性和基础数据共享的能力；标准化的MMS、SV、GOOSE网络通信，更利于系统的功能配置以及设备的兼容、扩展、维护，且更容易接入新的高级应用，逐步实现新的系统功能。图1-3所示为智能组件就地集成的智能变电站。

图1-3　智能组件就地集成的智能变电站

对于常规变电站，由于技术限制，不同设备厂商采用的通信协议不同，使系统集成困难；保护、测控、在线监测等IED互操作性差，联调工作量大，维护成本高；二次回路线缆连接复杂，调试难度大，故障率高；站端系统达不到标准化要求，无法为全电网的数字化提供技术基础。智能变电站采用全站统一的IEC 61850通信标准，在很大程度上弥补了常规变电站的上述不足。

（三）模型配置

智能变电站使用SCL作为配置语言，SCL是IEC 61850采用的变电站专用描述语言，基于XML1.0。它采用可扩展的标记语言清楚地描述变电站IED、变电站系统和变电站网络通信拓扑结构的配置。使用SCL能够方便地收集不同厂商设备的配置信息并对设备进行配置，使系统维护升级变得简单易行。基于SCL语言，在智能变电站不同实施阶段形成的模型配置文件包括ICD文件、SSD文件、SCD文件、CID文件等。

（1）ICD（IED Capability Description）文件。IED能力描述文件，由装置厂商提供给系统集成厂商，描述IED提供的基本数据模型及服务，但不包含IED实例名称和通信参数。

（2）SSD（System Specification Description）文件。系统规格文件，应全站唯一，描述变电站一次系统结构以及相关联的逻辑节点，最终包含在SCD文件中。

（3）SCD（Substation Configuration Description）文件。全站系统配置文件，全站唯一，描述所有IED的实例配置和通信参数、IED之间的通信配置以及变电站一次系统结构，由系统集成厂商完成。SCD文件应包含版本修改信息，明确描述修改时间、修改版本号等内容。

（4）CID（Configured IED Description）文件。IED实例配置文件，每个装置有一个，由装置厂商根据SCD文件中本IED相关配置生成。

智能变电站配置服务模型如图1-4所示，给出了不同配置文件之间的关系。

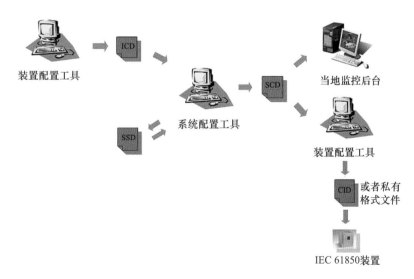

图1-4 智能变电站配置服务模型

四、智能变电站技术特点及优势

（一）智能变电站技术特点

1. 信息传输

基于IEC 61850，智能变电站信息传输主要有MMS报文、GOOSE报文、SV报文三种形式。

（1）MMS报文。MMS即制造报文规范，是ISO/IEC 9506所定义的一套用于工业控制系统的通信协议。MMS报文规范了工业领域具有通信能力的智能传感器、IED、智能控制设备的通信行为，使出自不同制造商的设备之间具有互操作性（Interoperation）。

（2）GOOSE报文。GOOSE报文是一种面向通用对象的变电站事件，主要用于实现在多IED之间的信息传递，包括传输跳合闸信号（命令），具有高传输成功概率。GOOSE报文信息包括：

1）保护装置的跳/合闸命令；

2）测控装置的遥控命令；

3）保护装置间信息（启动失灵、闭锁重合闸、远跳等）；

4）一次设备的遥信信号（开关隔离开关位置、压力等）；

5）间隔层的联锁信息。

（3）SV报文。采样值，基于发布/订阅机制，交换采样数据集中的采样值的相关模型对象和服务，以及这些模型对象和服务到ISO/IEC 8802-3帧之间的映射。

为了便于形象地理解和应用GOOSE、SV信号，将IED中GOOSE、SV信号的逻辑连接点称为虚端子，等同于常规变电站的屏端子，用以标识过程层、间隔层及其之间的通信链路。

2. 保护采样和跳闸

在智能变电站中，保护采样方式包括直采和网采两种方式。直采指按照点对点的配置原则，保护装置不经过交换机中转而通过光纤直接与合并单元连接，光纤链路仅传输该保护所需的采样信号。网采指保护装置和合并单元均接入交换机，通过交换机组成的网络进行采样信号的传输。

保护跳闸方式分为直跳和网跳两种形式。直跳指按照点对点的配置原则，保护装置不经过交换机中转而通过光纤直接与智能终端连接，光纤链路仅传输该保护的跳闸信号。网跳指保护装置和智能终端均接入交换机，通过交换机组成的网络进行保护跳闸指令的传输。

3. 同步对时

智能变电站的对时要求远高于综合自动化变电站和数字化变电站。综合自动化变电站对时主要用于SOE时标，进行动作时序判断，但不影响电网本身的安全运行。数字化变电站强调采样的同一时刻，但并不强调绝对时刻。智能变电站由于与站外电网有协同互动功能，因而必须要有精确的绝对时标。

智能变电站内合并单元、智能终端、保护装置可通过IRIG-B（DC）码对时，也可采用IEC 61588（IEEE 1588）标准进行网络对时，对时精度应满足要求。

4. 网络报文记录分析

智能变电站配置有网络报文记录分析装置，对全站各种网络报文进行实时监视、捕捉、存储、分析和统计，且不对原有的网络通信产生任何影响。网络报文记录分析装置应能监视、捕捉过程层SV网、过程层GOOSE网、站控层MMS网网络报文的传输，并具有MMS接口，将装置相关信息经MMS接口直接上送站控层。网络报文记录分析装置宜具备智能变电站网络通信状态的在线监视和状态评估及自诊断功能，以便启动告警信号、远动信号、事件记录等。

5. 程序化操作

智能变电站具备程序化操作这一高级功能，能够通过一体化监控系统的单个操作命令，根据预先规定的操作逻辑和"五防"闭锁规则，自动完成断路器、隔离开关等一次设备及二次软压板的操作，依据执行结果信息来判断每步操作是否到位，确认到位后自动或半自动执行下一指令，直至执行完成所有的指令，实现智能变电站电气设备运行、热备用、冷备用、检修等各种状态的自动转换。

6. 交换机

交换机是一种有源的网络元件。交换机连接两个或多个子网，子网本身可由数个网段通过转发器连接而成。二层交换机属数据链路层设备，可以识别数据包中的MAC地址信息，根据MAC地址进行转发，并将这些MAC地址与对应的端口记录在内部的一个地址表中。在智能变电站中，站控层、过程层交换机都是二层交换机。在智能变电站中，任两台IED之间的数据传输路由不应超过4个交换机；根据间隔数量合理配置过程层交换机，3/2接线型式，交换机宜按串设置。每台交换机的光纤接入数量不宜超过16对，并配备适量的备用端口。

（二）智能变电站技术优势

与数字化变电站相比，智能变电站的技术优势在于：

（1）一次设备智能化。新增合并单元、智能终端、电子式互感器等过程层设备，为电网设备管理提供了基础数据支撑。

（2）二次设备网络化。用光纤取代电缆、通信网络取代二次回路，使二次系统大大简化，二次设备硬压板大量减少。

（3）数据交换标准化。全站采用统一的IEC 61850通信规约，用以实现信息交互，有效解决了信息共享和设备互操作性问题。

（4）支持高级应用。如支持状态监测、实时自动控制、程序化操作等功能。

第二节　典型智能装置

一、合并单元

（一）合并单元的概念

合并单元（Merging Unit, MU）是采集和传输模拟量信号的设备，对来自二次转换器的电流和（或）电压数据进行时间相关组合。合并单元可以是现场互感器的一个组件，也可以是一个独立单元，母线合并单元还具有电压切换或并列功能。合并单元如图1-5所示。

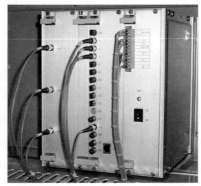

图1-5　合并单元

（二）合并单元功能

1. 数据合并

常规变电站保护装置通过电缆直接接入常规互感器二次侧，采集电流、电压数据，由保护装置完成对不同模拟量的采样和A/D转换。而智能变电站的采样和A/D转换在合并单元中完成，合并单元需同时接受和处理三相电流互感器和三相电压互感器的输出信号，A/D模数转换后，按IEC 60044-8或IEC 61850-9-1/2的要求输出合并数据信号。

2. 数据同步

由合并单元完成三相电流互感器和三相电压互感器独立采样数据的同步。

3. 分配信号

合并单元的数字量输出接口称为SV接口，主要以光纤输出为主。合并单元可通过不同的SV接口分配信号，将电流、电压数字量上送测控、保护、电量采集等装置。

（三）合并单元分类

合并单元主要分为间隔合并单元、本体合并单元、母线合并单元等。母线合并单元如图1-6所示。

图1-6　母线合并单元

间隔、本体合并单元采集来自常规一次互感器的模拟信号，同时接收母线合并单元采集的电压信号，进行同步处理后通过以太网接口（光纤）上送保护、测控、数字式电能表、数字式录波仪等二次设备。母线合并单元采集来自常规一次电压互感器的模拟信号，对于双母线接线，一台母线合并单元宜同时接收两段母线电压，同时采集分段开关状态、分段开关隔离开关状态和并列把手状态，进行同步、并列/解列处理后，将并列前及并列后的母线电压通过以太网（光纤网口）或FT3接口（光纤串口）上送间隔合并单元、母线测控、母联备自投等二次设备。其中，间隔合并单元主要采集开关TA的电流；本体合并单元主要采集主变压器中性点、高压侧套管TA的电流；母线合并单元主要采集母线电压，方向元件、电压闭锁等所需的电压数据都取自母线合并单元，母线合并单元接入了两段及以上母线电压的合并单元，母线电压并列功能宜由合并单元完成。

（四）合并单元采样技术规范

保护装置采样接口数据的采样频率宜为4000Hz。由于SV采样数据量较大（每秒4000个点），使用网采的方式对交换机的要求很高。考虑到采样的可靠性和快速性，按照Q/GDW 441—2010《智能变电站继电保护技术规范》要求，保护装置与合并单元采样采用点对点接入方式，直采同步由保护装置实现。

基于IEC 61850-9-2点对点传输采样值时，合并单元不接收同步脉冲，采样数据帧中需传输额定延迟时间数值。而IEC 61850-9-2的APDU帧格式中，没有额定延迟时间的属性定义，因此，将额定延迟时间配置在采样发送数据集中。

二、智能终端

（一）智能终端的概念

智能终端主要用于对一次设备的测量控制，具备断路器操作箱功能，包含分合闸回路、合后监视、重合闸、操作电源监视和控制回路断线监视等功能，可以控制开关、隔离开关的分合，与一次设备采用电缆连接，与保护、测控等二次设备采用光纤连接。智能终端与合并单元、间隔层保护及测控装置共同组成智能变电站集成保护测控平台。

（二）智能终端功能

1. 执行跳/合闸命令

接收保护跳/合闸命令、测控的手合/手分断路器及隔离开关、接地开关等GOOSE命令，可靠校验并执行。

2. 上送本间隔信号

输出断路器位置、隔离开关及接地开关位置信号、断路器本体信号（含压力低闭锁重合闸等）、控制回路断线监视信号、跳/合闸压力监视信号等。

（三）智能终端分类

智能终端主要分为间隔智能终端和主变压器本体智能终端。间隔智能终端如图1-7所示。

图1-7　间隔智能终端

间隔智能终端主要完成位置信号及遥信信号量的采集，上送保护、测控装置，接收并执行保护、测控装置的控制指令，如线路开关智能终端、母线TV智能终端。主变压器本体智能终端主要完成本体信号的采集，上送测控装置，接收并执行测控装置关于中性点接地开关分合及主变压器调档的控制指令等。其中，主变压器本体智能终端包含完整的主变压器本体信息交互功能（非电量动作报文、调档及测温等），应提供用于闭锁调压、启动风冷、启动充氮灭火等出口接点，同时还宜具备就地非电量保护功能；所有非电量保护启动信号均应经大功率继电器重动，非电量保护跳闸通过控制电缆以直跳方式实现。

三、电子式互感器

（一）电子式互感器的概念

电子式互感器由连接到传输系统和二次转换器的一个或多个电流或电压传感器组成，用于传输正比于被测量的量，以供给测量仪器、仪表和继电保护或控制装置。

电子式互感器相比常规互感器有诸多优点，原则上要求新建智能变电站配置电子式互感器，但此前发现电子式互感器的稳定性不能满足运行要求，故已暂停电子式互感器的使用。目前已投运的智能变电站中基本采用"常规互感器+合并单元"的模式。在新一代智能变电站扩大示范工程中，电子式互感器又开始应用。

（二）电子式互感器分类

电子式互感器分电子式电流互感器、电子式电压互感器、电子式电流电压互感器三类。

（1）电子式电流互感器。在正常适用条件下，其二次转换器的输出实质上正比于一次电流，且相位差在联结方向正确时接近于已知相位角。

（2）电子式电压互感器。在正常适用条件下，其二次电压实质上正比于一次电压，且相位差在联结方向正确时接近于已知相位角。

（3）电子式电流电压互感器。由电子式电流互感器和电子式电压互感器组合而成。

（三）电子式互感器功能要求

（1）双重化（或双套）配置保护所采用的电子式电流互感器一、二次转换器及合并单元应双重化（或双套）配置。

（2）3/2接线型式，其电子式电压互感器应置于线路侧。

（3）母线差动保护、变压器差动保护、高压电抗器差动保护用电子式电流互感器相关特性宜相同。

（4）配置母线电压合并单元。母线电压合并单元可接收至少两组电压互感器数据，并支持向其他合并单元提供母线电压数据，根据需要提供电压并列功能。各间隔合并单元所需母线电压量通过母线电压合并单元转发。用于检同期的母线电压由母线合并单元点对点通过间隔合并单元转接给各间隔保护装置。不同接线方式下母线合并配置方案如下：

1）3/2接线。每段母线配置合并单元，母线电压由母线电压合并单元点对点通过线路电压合并单元转接。

2）双母线接线。两段母线按双重化配置两台合并单元。每台合并单元应具备GOOSE接口，接收智能终端传递的母线电压互感器隔离开关位置、母联隔离开关位置和断路器位置，用于电压并列。

3）双母单分段接线。按双重化配置两台母线电压合并单元，不考虑横向并列。

4）双母双分段接线，按双重化配置四台母线电压合并单元，不考虑横向并列。

四、保护装置

（一）保护装置的概念

电力系统继电保护是电网安全稳定运行的重要保证。在智能变电站中，继电保护新技术应满足可靠性、选择性、灵敏性、速动性的要求，并提高保护的性能和智能化水平。继电保护在功能实现上是统一的整体，需要一次设备、二次回路、通道、保护装置之间的配合协调，发挥其整体性能。

GB/T 14285—2006《继电保护和安全自动装置技术规程》要求"除出口继电器外，装置内的任一元件损坏时，装置不应误动作跳闸"。智能变电站中的电子式互感器的二次转换器（A/D采样回路）、合并单元、光纤连接、智能终端、过程层网络交换机等设备内任一个元件损坏，除出口继电器外，不应引起保护误动作跳闸。

保护装置不应依赖于外部对时系统实现其保护功能。保护应直接采样，对于单间隔的保护应直接跳闸，涉及多间隔的保护（母线保护）宜直接跳闸。对于涉及多间隔的保护（母线保护），如确有必要采用其他跳闸方式，相关设备应满足保护对可靠性和快速性的要求。

在技术先进、运行可靠的前提下，可采用电子式互感器。110kV及以下电压等级宜采用保护测控一体化设备。

（二）保护装置功能设置

1. 线路保护

220kV及以上线路按双重化配置保护装置，每套保护包含完整的主、后备保护功能。线路过电压及远跳就地判别功能应集成在线路保护装置中，站内其他装置启动远跳经GOOSE网络启动。线路保护直接采样，直接跳断路器；经GOOSE网络启动断路器失灵、重合闸。

2. 母线保护

220kV及以上电压等级母线按双重化配置母线保护。母线保护直接采样、直接跳闸，当接入元件数较多时，可采用分布式母线保护。

3. 变压器保护

220kV及以上变压器电量保护按双重化配置，每套保护包含完整的主、后备保护功能；变压器各侧及公共绕组的合并单元均按双重化配置，中性点电流、间隙电流并入相应侧合并单元。110kV变压器电量保护宜按双套配置，双套配置时应采用主、后备保护一体化配置；若主、后备保护分开配置，后备保护宜与测控装置一体化；变压器各侧合并单元按双套配置，中性点电流、间隙电流并入相应侧合并单元。变压器保护直接采样，直接跳各侧断路器；变压器保护跳母联、分段断路器及闭锁备自投、启动失灵等可采用GOOSE网络传输；变压器保护可通过GOOSE网络接收失灵保护跳闸命令，并实现失灵跳变压器各侧断路器。变压器非电量保护采用就地直接电缆跳闸，信息通过本体智能终端上送过程层GOOSE网。变压器保护可采用分布式保护，分布式保护由主单元和若干个子单元组成，子单元不应跨电压等级。

第三节　典型配置方案

一、合并单元配置方案

合并单元的配置数量与保护装置的配置方案有关，对于保护装置有双重化配置要求的间隔，合并单元也应冗余配置，对应于互感器冗余的独立输出回路。

对于220kV变电站，220kV各间隔合并单元宜双重化配置；110kV各间隔宜单套配置；主变压器各侧及中性点、各电压等级母线合并单元宜双重化配置；10kV电压等级除主变压器低压侧间隔外，其余间隔暂未配置合并单元。

对于110kV内桥接线变电站，110kV线路间隔宜配置两台合并单元，一台用于线路保护，另一台用于主变压器差动保护；110kV母联配置两台合并单元，一台用于母联开关保护和1号主变压器差动保护，另一台用于2号主变压器差动保护；主变压器低压侧配置两台合并单元，一台用于主变压器差动保护，另一台用于主变压器低后备保护，以确保保护可靠性；主变压器本体配置一台合并单元；10kV电压等级除主变压器低压侧间隔外，其余间隔暂未配置合并单元。

对于110kV单母分段接线变电站，110kV线路间隔配置一台合并单元；110kV母联间隔配置一台合并单元；主变压器本体配置一台合并单元，主变压器高、低压侧各配置两台合并单元，一台用于主变压器差动保护，另一台用于主变压器后备保护，以确保保护可靠性；10kV电压等级除主变压器低压侧间隔外，其余间隔暂未配置合并单元。

二、智能终端配置方案

智能终端的配置数量与保护装置的配置方案有关，对于保护装置有双重化配置要求的间隔，智能终端也应冗余配置，本体智能终端宜集成非电量保护功能，单套配置。在220kV变电站中，220kV（除母线外）智能终端应双重化配置，主变压器三侧智能终端应双重化配置，220、110kV电压等级其余情况及主变压器本体为单套配置。在110kV变电站中，110kV线路、母联、主变压器高低压侧及本体均单套配置。10kV电压等级除主变压器低压侧间隔外，其余间隔暂未配置智能终端。

三、保护装置配置方案

（一）配置原则

（1）220kV及以上电压等级的继电保护及与之相关的设备、网络等应按照双重化原则进行配置，双重化配置的继电保护应遵循以下要求：

1）每套完整、独立的保护装置应能处理可能发生的所有类型的故障。两套保护之间不应有任何电气联系，当一套保护异常或退出时不应影响另一套保护的运行。

2）两套保护的电压（电流）采样值应分别取自相互独立的合并单元。

3）双重化配置的合并单元应与电子式互感器两套独立的二次采样系统一一对应。

4）双重化配置保护使用的GOOSE（SV）网络应遵循相互独立的原则，当一个网络异常或退出时不应影响另一个网络的运行。

5）两套保护的跳闸回路应与两个智能终端分别一一对应，两个智能终端应与断路器的两个跳闸线圈分别一一对应。

6）双重化的线路纵联保护应配置两套独立的通信设备（含复用光纤通道、独立纤芯、微波、载波等通道及加工设备等），两套通信设备应分别使用独立的电源。

7）双重化的两套保护及其相关设备（电子式互感器、合并单元、智能终端、网络设备、跳闸线圈）的直流电源应一一对应。

8）双重化配置的保护应使用主、后备一体化的保护装置。

（2）保护装置、智能终端等智能电子设备间的相互启动、相互闭锁、位置状态等交换信息可通过GOOSE网络传输，双重化配置的保护之间不直接交换信息。

（3）双母线电压切换功能可由保护装置分别实现。

（4）3/2接线型式，两个断路器的电流合并单元分别接入保护装置，电压合并单元单独接入保护装置。

（5）110kV及以下保护就地安装时，保护装置宜集成智能终端等功能。

按照上述原则，以线路保护为例，220kV及以上电压等级保护装置应遵循双重化配置原则，相应合并单元、智能终端均双套配置，第一套线路保护采集第一套合并单元数据，通过第一套智能终端出口跳闸；第二套线路保护采集第二套合并单元数据，通过第二套智能终端出口跳闸；两套保护相互独立，互不影响。110kV电压等级线路保护单套配置，对应配置单套合并单元及智能终端。若保护装置是双重化配置，相应地，两个过程层网络也应遵循完全独立的原则。

（二）功能要求

智能变电站对于保护装置的功能要求包括：

（1）应遵循继电保护基本原则，满足相关继电保护的标准要求。

（2）智能变电站继电保护与站控层信息交互采用DL/T 860（IEC 61850）标准，跳/合闸命令和联闭锁信息可通过直接电缆连接或GOOSE机制传输，电压、电流量可通过常规互感器或电子式互感器采集。

（3）保护装置应不依赖于外部对时系统实现其保护功能（直采不受影响）。

（4）当采用电子式互感器时，应针对电子式互感器特点优化相关保护算法、提高保护性能。

（5）纵联保护应支持一端为电子式互感器、另一端为常规互感器或两端均为电子式互感器的配置形式。

四、过程层网络组网方案

智能变电站过程层组网方式应满足以下条件：

（1）过程层SV网络、过程层GOOSE网络、站控层网络应完全独立配置。

（2）过程层SV网络、过程层GOOSE网络宜按电压等级分别组网。变压器保护接入不同电压等级的过程层GOOSE网时，应采用相互独立的数据接口控制器。

（3）继电保护装置采用双重化配置时，对应的过程层网络亦应双重化配置，第一套保护接入A网，第二套保护接入B网；110kV过程层网络宜按双网配置。

（4）任两台IED之间的数据传输路由不应超过4个交换机。

（5）根据间隔数量合理配置过程层交换机，3/2接线型式，交换机宜按串设置。每台交换机的光纤接入数量不宜超过16对，并配备适量的备用端口。

第二章
智能变电站压板与定值

智能变电站用光纤取代电缆，用通信网络交换数字化信息，使得二次系统大大简化，设备硬压板大量减少，除智能终端出口回路设置的少量硬压板以及二次设备检修硬压板外，保护装置广泛采用软压板实现信息的开入开出。同时，智能变电站将设备检修硬压板引入检修管理，使其检修机制和常规变电站有了很大不同。

第一节　压板分类与功能

智能变电站的压板包括硬压板和软压板两大类，具体如图2-1所示。

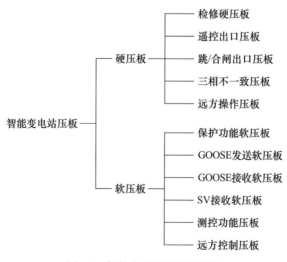

图2-1　智能变电站压板的分类

一、硬压板

智能变电站硬压板包括二次设备检修硬压板、遥控出口压板、跳/合闸出口压板、三相不一致压板及远方操作压板等。

（一）检修硬压板

保护装置、合并单元、智能终端等IED二次设备均设有一块检修硬压板，检修硬压板实例如图2-2所示。投入检修硬压板可将装置置检修状态，装置面板上的检修灯亮，发出报文的检修标志位为"1"，即TEST位为"TRUE"，退出时装置面板上的检修灯灭，发出报文的检修标志位为"0"，即TEST位为"FALSE"。对于接收到的报文，装置会将GOOSE报文TEST位、SV报文数据品质q的TEST位与装置自身检修标志位进行比较，做"异或"逻辑判断，两者一致时，信号进行处理或动作，两者不一致时，报文视为无效，不参与装置功能逻辑。正常运行时，检修硬压板应处于退出状态。

图2-2　检修硬压板实例

（二）遥控出口压板

遥控出口压板设置于智能终端出口回路中，一般就地安装于智能终端汇控柜。遥控出口压板投入后，可接通相应开关、隔离开关的遥控分/合闸回路，实现该开关、隔离开关的远方遥控功能。若误退某开关或隔离开关的遥控分/合闸压板，智能终端将无法接收测控装置相应开关或隔离开关的遥控命令。某主变压器110kV开关及隔离开关的遥控出口压板如图2-3所示。

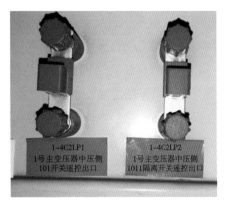

图2-3　开关、隔离开关遥控出口压板实例

（三）跳/合闸出口压板

跳/合闸出口压板设置于智能终端出口回路中，可作为明显断开点，实现相应跳/合闸二次回路的通断。跳/合闸出口压板一般就地安装于智能终端汇控柜上，当跳闸出口压板投入后，跳闸回路接通；合闸出口压板投入后，合闸或重合闸回路接通。若跳/合闸出口压板退出，当保护动作时，保护装置将无法通过智能终端实现断路器的跳/合闸。某110kV线路的跳/合闸出口压板如图2-4所示。

图2-4　跳/合闸出口压板实例

需要特别注意的是，智能终端上的跳/合闸出口硬压板与保护装置内的保护跳/合闸出口软压板是串联（逻辑与）关系，只有当保护装置内跳/合闸出口软压板与智能终端跳/合闸出口硬压板都投入时，开关才能正确动作。对于智能变电站，如需将某线路保护由跳闸改投信号，只需退出保护装置内的保护跳/合闸GOOSE出口软压板即可。

（四）三相不一致压板

在220kV及以上电压等级的电网中，断路器一般采用分相操作，由于断路器机械或电气等原因，可能出现断路器三相分、合闸位置不一致的异常状态。当断路器出现三相不一致时，会产生负序和零序电流，对系统产生不利影响。为减小断路器三相不一致对系统造成的危害，应启用保护装置三相不一致保护或断路器本体三相不一致保护，延时将三相不一致的断路器断开。其中，断路器本体的三相不一致保护通过断路器机构的位置辅助接点直接启动，对220～500kV断路器，应尽量采用断路器本体的三相不一致保护，而不再启用保护装置的三相不一致保护；如断路器本体无三相不一致保护，则应为断路器配置具备三相不一致保护的保护装置。

三相不一致硬压板对应于断路器本体的三相不一致保护，就地安装于智能终端汇控柜。图2-5所示为某220kV开关的本体三相不一致保护压板，当合闸开关三相位置不一致时，若此压板在投入状态，可实现开关三相跳闸。

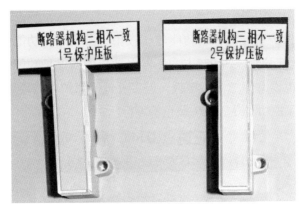

图2-5　三相不一致压板实例

（五）远方操作压板

智能变电站保护装置除检修硬压板之外，还设有一块硬压板——远方操作压板，如图2-6所示。远方操作压板只设硬压板，与3种远方控制软压板分别构成串联（逻辑与）关系。只有当远方操作硬压板投入后，远方控制软压板的远方功能才有效。

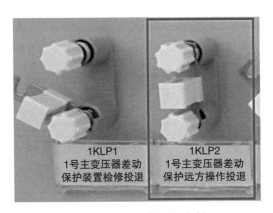

图2-6　远方操作压板实例

二、软压板

智能变电站软压板主要包括保护功能软压板、GOOSE发送软压板（部分厂家将其命名为GOOSE出口软压板）、GOOSE接收软压板、SV接收软压板、测控功能压板、远方控制压板等。智能变电站软压板将常规变电站的物理硬节点内置为装置内的虚拟软节点，大大降低了二次检修调试的工作量。

（一）保护功能软压板

智能变电站保护装置的保护功能软压板用于实现保护功能的投退和方式控制，图2-7中红框部分为PCS-978主变压器保护装置的保护功能软压板。在常规变电站中，虽然也设有保护功能压板，但多外置为保护功能硬压板，图2-8所示为常规变电站的保护功能硬压板（黄色标签标示）。

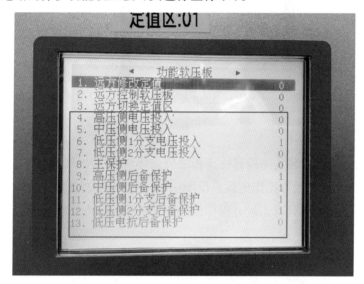

图2-7　PCS-978主变压器保护装置保护功能退软压板

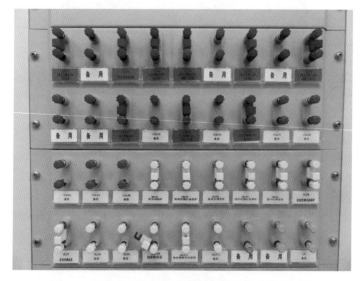

图2-8　常规变电站主变压器保护屏保护功能硬压板

智能变电站常见保护功能软压板包括差动保护软压板、主变压器高/中/低压侧后备保护软压板、距离保护软压板、零序保护软压板、充电过流保护软压板等功能投退类软压板，以及支路（间隔）投入软压板、TV（间隔）投入软压板、高/中/低压侧电压投入软压板、母线互联软压板、隔离开关强制置位软压板等保护方式控制类软压板。与常规变电站硬压板的对应情况见表2-1。

表2-1　智能变电站常见保护功能软压板与常规变电站硬压板对应关系表

保护功能	智能变电站压板名称	常规变电站压板名称
主变压器保护	差动保护软压板	投差动保护硬压板
	高/中/低压侧后备保护软压板	投高/中/低压侧后备保护硬压板
	高/中/低压侧电压投入软压板	高/中/低压侧TV退出硬压板
线路保护	距离保护软压板	投距离保护硬压板
	零序保护软压板	投零序Ⅰ/Ⅱ/Ⅲ/Ⅳ段保护硬压板
	停用重合闸软压板	投闭锁重合闸硬压板
母联保护	充电过流保护软压板	投充电保护硬压板
	母线互联软压板	投互联硬压板
	母联分列软压板	投单母硬压板
母线保护	失灵保护软压板	投失灵保护硬压板
	支路（间隔）投入软压板	无
	TV（间隔）投入软压板	无
	隔离开关强制使能压板	无

1. 差动保护软压板

差动保护软压板对应于常规变电站中投差动保护硬压板。在智能变电站主变压器保护、母差保护及线路保护中均有此类软压板。差动保护软压板与差动保护控制字是逻辑"与"的关系，只有在两者均投入的条件下，保护的差动元件才有效。

差动保护把被保护的电气设备看成一个节点，以流进电流和流出电流的矢量和，即差流，作为保护元件启动判据。理论上讲，设备无故障运行时，差流为"0"，当设备出现故障时，流进被保护设备的电流和流出的电流偏差较大，将"0"作为保护启动判据，差流大于"0"时，将被保护设备的各侧断路器跳开，隔离故障点。对于设备实际，由于容性电流会导致正常运行时差流略大于"0"，因而定值校核时，会根据设备实测参数考虑差流阈值，确定差动保护启动值，当差动电流大于差动保护启动值时，保护动作出口。

对于变压器差动保护，以PCS-978G变压器成套保护为例，配置有纵差比率差动保护和稳态比例差动保护。当变压器正常工作或区外故障时，流入变压器和流出变压器的电流折算值近似相等，差动元件不启动；当变压器内部故障时，变压器各侧向故障点提供短路电流，差流即故障点短路电流，该值远大于差动元件启动值，差动保护动作。变压器差动保护是变压器内部故障的主保护。

对于母线差动保护，以PCS-915GA微机母线保护装置为例，配置有分相式比率差动保护，其比率差动元件由常规比率差动元件、工频变化量比例差动元件和故障母线选择元件组成。差动回路包括母线大差回路和各段母线小差回路。母线大差比率差动用于判别母线区内或区外故障，小差比率差动用于故障母线的选择。当母线故障或母线所属各开关TA到母线之间发生故障时，母线保护动作，跳开与母线相连的全部开关。

对于线路差动保护，以PCS-931GM（M）超高压线路成套保护装置为例，PCS-931GM（M）配置有两个单模光纤接口，该装置的快速主保护以分相电流差动和零序电流差动为主体，通过双光纤通道与对侧保护装置相联系，实现光纤纵联差动保护。线路光纤纵联差动保护的保护范围是线路两侧电流互感器之间线路全长。当线路两侧正常运行或外部故障时，流经线路两侧的电流相等，差动继电器不动作；当线路两侧电流互感器之间发生故障时，两侧电源分别向故障点提供电流，若故障点电流大于继电器的动作电流时，差动继电器动作，瞬时跳开线路两侧的断路器。若误退纵联差动保护软压板，差动保护将拒动，远传、远跳命令也无法发送到对侧。

2. 主变压器高/中/低压侧后备保护软压板

高/中/低压侧后备保护软压板一般出现在智能变电站主变压器保护装置中。以高压侧后备保护软压板为例，它的功能与常规变电站主变压器保护屏上"投高压侧后备保护"黄色功能硬压板类似。该软压板一般出现在集主保护和后备保护于一体的变压器成套保护装置中。正常运行情况下，软压板投入，表示主变压器高压侧后备保护功能投入。

3. 距离保护软压板

距离保护软压板一般出现在智能变电站线路保护功能软压板当中。它对应于常规变电站中投距离保护硬压板。距离保护可反映故障点至保护安装地点之间的距离（或阻抗），并可根据距离的远近而确定动作时间。当短路点距保护安装处近时，其测量阻抗小，动作时间短；当短路点距保护安装处远时，其测量阻抗增大，动作时间增长，从而保证保护可以有选择性地切除故障线路。

为满足继电保护速动性、选择性和灵敏性的要求，距离保护按阶段式配置，目前广泛采用三段式距离保护，称为距离保护的Ⅰ、Ⅱ、Ⅲ段，具有递进的动作范围和动作时限。

4. 零序保护软压板

零序保护软压板对应于常规变电站中投零序Ⅰ/Ⅱ/Ⅲ/Ⅳ段保护硬压板。当大短路电流接地系统发生接地故障时，系统中就会产生零序电流。零序保护同距离保护一样属于阶段式保护，各阶段保护时限需递进配合。

5. 充电过流保护软压板

充电过流保护软压板一般出现在智能变电站母联（分段）开关保护中，对应于常规变电站中投充电保护硬压板。正常运行时，该压板处于退出状态，利用母联（分段）开关给母线充电前投入。由于充电过流保护启动值小，动作时限短，若母联（分段）开关合于故障母线，充电保护会立即跳开母联（分段）开关。在充电完毕后，应及时将充电过流软压板退出，防止其误动。

6. 失灵保护软压板

失灵保护软压板一般出现在智能变电站母线保护中，对应于常规变电站中母线保护屏上的投失灵保护硬压板。失灵保护软压板与失灵保护控制字是逻辑"与"的关系，只有在两者均投入的条件下，保护的失灵元件才有效。

7. 停用重合闸软压板

停用重合闸软压板的功能与常规变电站中投闭锁重合闸硬压板类似，它与重合闸出口GOOSE发送软压板以及智能终端上的保护跳/合闸出口压板配合，控制保护的重合闸。当线路保护不启用重合闸功能时投入该压板，启用重合闸功能时退出该压板。当停用重合闸软压板整定为"1"时，可实现重合闸放电及沟通三跳。

8. 支路（间隔）投入软压板

支路（间隔）投入软压板即 SV 接收软压板，不同厂家保护装置的命名方式不同，该类压板是智能变电站独有的一类压板，一般出现在母差保护装置中，为了区分某一支路是否纳入差流计算，设置了支路（间隔）投入软压板。在进行保护逻辑计算时，如果退出该压板，相应支路的电流将不纳入母差流计算。若某出线停电退出了支路（间隔）投入软压板，在一次设备送电前，必须先投入母差保护中该线路开关的支路（间隔）投入软压板，再合线路开关，否则母差保护将不会接收该线路开关相应的电流数据，产生差流，导致母差保护误动作。

9. TV（间隔）投入软压板

TV（间隔）投入软压板是智能变电站独有的一类压板，一般出现在智能变电站的母差保护装置中。退出此压板，复合电压闭锁开放，因此 TV 正常运行时该压板应在投入位置。

10. 高/中/低压侧电压投入软压板

高/中/低压侧电压投入软压板一般出现在智能变电站主变压器保护装置中。以高压侧电压投入软压板为例，它与常规变电站主变压器保护屏上高压侧 TV 退出硬压板类似。在常规变电站中，当高压侧 TV 检修时，为了保证经高压侧复合电压闭锁的方向过流保护仍可正确动作，需投入高压侧 TV 退出硬压板。在智能变电站中，高压侧电压投入软压板正常情况下一般为投入状态，当该压板退出后，高后备中方向元件自动满足，复合电压判据靠中、低压侧实现。

中压侧电压投入软压板和低压侧电压投入软压板与高压侧电压投入软压板类似。特别地，当低压侧电压投入软压板退出时，低后备变为纯过流保护。

11. 母线互联软压板

母线互联软压板一般出现在智能变电站母线保护中，对应于常规变电站中投互联硬压板。当投入此压板时，差动逻辑判为单母线运行。两段母线并列运行或倒母线操作前，需投入母线互联软压板；两段母线分列运行或倒母线操作完毕后，需退出母线互联软压板，此时若漏退此压板，可能会在母差动作时扩大停电范围。

12. 母联分列软压板

当母线分列运行时，宜投入母联分列软压板，此时母差保护判母线为分列运行，母联电流不计入小差。

13. 隔离开关强制使能压板及隔离开关位置压板

此类功能压板一般出现在智能变电站的母差保护装置中。当某支路母线隔离开关位置强制使能为"1"时，该支路的隔离开关位置根据该支路Ⅰ母强制隔离开关位置及该支路Ⅱ母强制隔离开关位置置位情况确定；当该支路母线隔离开关位置强制使能为"0"时，隔离开关位置由收到的隔离开关位置GOOSE开入确定。在智能终端单独检修期间，为防止隔离开关位置信号误输出，可以通过隔离开关位置软压板指定相应的隔离开关位置状态，保证母差保护在此期间的正常运行。

（二）GOOSE发送软压板

GOOSE发送软压板为控制智能装置之间GOOSE信号发送的压板，压板退出时，相对应GOOSE报文不发信。图2-9为PCS-978主变压器保护装置GOOSE发送软压板实例，其中显示了部分主变压器保护向其他智能装置发送GOOSE信号的压板。它可以实现保护装置动作跳/合闸信号的输出控制，相当于常规变电站保护屏的跳闸出口硬压板。此外，还可以实现失灵开出、保护联闭锁等信号的输出控制。

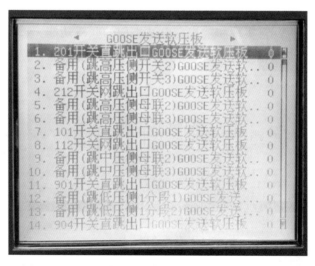

图2-9　PCS-978主变压器保护装置GOOSE发送软压板

智能变电站常见GOOSE发送软压板有开关直跳/网跳/联跳出口软压板、闭锁备自投出口软压板、开关启动失灵出口软压板、开关失灵解除复压出口软压板、开关重合闸出口软压板、三相不一致出口软压板等。与常规变电站硬压板的对应情况见表2-2。

表2-2　智能变电站常见GOOSE发送软压板与常规变电站硬压板对应关系表

保护功能	智能变电站压板名称	常规变电站压板名称
主变压器保护	开关直跳/网跳出口软压板	开关跳闸出口硬压板
	闭锁备自投出口软压板	闭锁备自投硬压板
线路保护	开关启动失灵出口软压板	开关失灵启动硬压板
	开关失灵解除复压出口软压板	失灵解除母差复压闭锁硬压板
	开关重合闸出口软压板	开关重合闸出口硬压板
	三相不一致出口软压板	三相不一致出口硬压板
母线保护	开关联跳出口软压板	开关联跳出口硬压板

1. 开关直跳/网跳/联跳出口软压板

智能变电站中，开关跳闸有直跳和网跳两种方式，相应也就有开关直跳出口软压板和开关网跳出口软压板。此外，对于母线保护，还有主变压器高压侧开关联跳出口压板，它实现和常规变电站类似的联跳功能，母差动作高压侧开关失灵时联跳主变压器三侧。图2-10为PCS-915母线保护装置GOOSE发送软压板实例。

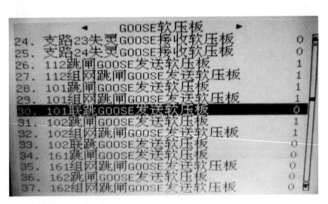

图2-10　PCS-915母线保护装置GOOSE发送软压板

开关直跳/网跳/联跳出口软压板对应于常规变电站中开关跳闸/联跳出口硬压板，参见图2-8中的红色压板。正常运行情况下，当此类软压板置"1"时，表示开关直跳/网跳/联跳出口软压板投入，保护动作时将直接或通过过程层网络间接向智能终端发送GOOSE跳闸报文。通常，接收GOOSE报文的设备处于退出状态时，发送GOOSE软压板也应退出。

2. 闭锁备自投出口软压板

闭锁备自投出口软压板对应于常规变电站中主变压器保护屏上的闭锁备自投硬压板。以110kV变电站为例，若主变压器保护装置中闭锁高压侧分段（母联）开关备自投出口软压板投入，则当主变压器保护动作时，会经由过程层网络发送GOOSE报文到110kV备自投装置闭锁高压侧分段备自投。

3. 开关启动失灵出口软压板

线路保护装置中开关启动失灵出口软压板对应于常规变电站线路保护屏上的开关失灵启动硬压板，用以控制开关保护动作时向母差保护的启失灵发信，相应地，母差保护中也会设有失灵接收软压板。在这两个软压板均投入的情况下，若线路发生故障，线路保护装置会通过GOOSE网络向母差保护发送启失灵信号，母差保护接收启失灵信号，启动失灵保护判据，在线路开关拒跳时通过母差保护出口跳开相应母线所有开关。

正常情况下，开关启动失灵出口软压板和相应的开关失灵接收软压板都应投入运行。若开关检修，除了退出本开关的启动失灵出口软压板，还应退出母差保护上本开关的失灵接收软压板。

4. 开关失灵解除复压出口软压板

开关失灵解除复压出口软压板一般出现在智能变电站主变压器保护中，其功能与常规变电站中主变压器屏上的失灵解除母差复压闭锁硬压板类似。通常，当主变压器低压侧或中压侧故障跳主变压器三侧，而主变压器高压侧开关拒动时，需通过失灵保护启动母差来切除故障。但母线保护响应失灵信号需满足复压闭锁判据，主变压器中、低压侧故障时，高压侧的电压降通常无法满足母差保护的低电压或零序电压开放判据。因此，在正常运行情况下，应将开关失灵解除复压出口软压板置"1"，主变压器高压侧开关失灵启动的同时解除母差复压闭锁条件。

5. 开关重合闸出口软压板

开关重合闸出口软压板出现在智能变电站线路保护中，对应于常规变电站中线路保护屏上的开关重合闸出口硬压板。智能变电站开关重合闸出口软压板与综合/三相/单相/禁用/停用重合闸软压板进行配合，最终通过智能终端上的保护跳/合闸出口压板出口。

6. 三相不一致出口软压板

三相不一致出口软压板对应于常规变电站中线路保护屏上的三相不一致出口硬压板。若断路器本体无三相不一致保护，则该断路器保护装置应配置三相不一致保护，通过三相不一致出口软压板发跳闸命令到智能终端实现跳闸。

（三）GOOSE接收软压板

GOOSE接收软压板为控制智能装置接收GOOSE信号的压板，与对侧装置的GOOSE发送软压板相配合。该类GOOSE信号主要包括开关/隔离开关位置、控制开关位置、异常/告警信号、闭锁信号等。GOOSE接收软压板退出时，本装置对发送来的相应GOOSE信号不作逻辑处理。

1. 开关失灵联跳接收软压板

以图2-11所示的PCS-978主变压器保护装置为例，设有高压侧失灵联跳接收软压板和中压侧失灵联跳接收软压板，与母线保护中的联跳发送软压板对应投退，压板作用如图2-12所示。当高压侧开关失灵联跳接收软压板置"1"时，主变压器保护可接收220kV母差开出的失灵联跳主变压器三侧GOOSE报文，在220kV母线保护动作但高压侧开关失灵时，跳开主变压器三侧开关，隔离母线故障；当中压侧开关失灵联跳接收软压板置"1"时，主变压器保护可接收110kV母差开出的失灵联跳主变压器三侧GOOSE报文，在110kV母线保护动作但中压侧开关失灵时跳开主变压器三侧开关隔离母线故障。

图2-11　PCS-978主变压器保护装置GOOSE接收软压板

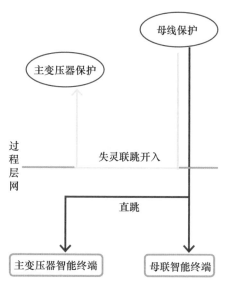

图2-12 开关失灵联跳接收、发送软压板说明图

2. 开关失灵接收软压板

开关失灵接收软压板对应于常规变电站中开关失灵接收硬压板，位于母线保护装置中。以PCS-915母线保护装置为例，设有主变压器开关失灵接收软压板、母联开关失灵接收软压板及线路开关失灵接收软压板，分别与主变压器保护中的主变压器开关启动失灵出口软压板、母联保护中的母联开关启动失灵出口软压板及线路保护中的线路开关启动失灵出口软压板成对使用，实现相应开关失灵保护功能。

以母线保护的主变压器开关失灵接收软压板为例，该压板投入时，母线保护可接收来自主变压器保护动作的开关启动失灵GOOSE报文以及失灵解除母差复压闭锁GOOSE报文，启动主变压器开关失灵判据并开放母差动作复压闭锁，具体过程如图2-13所示。当母线失灵保护检测到主变压器开关的任一相电流大于三相失灵电流定值或零序电流大于零序电流定值时，经过一定时限跳开母联和相应母线上的所有其他开关，隔离主变压器故障。母线保护中主变压器开关失灵接收软压板退出时，将屏蔽相关链路报文，此时，若主变压器开关拒跳，则不会启动相应母线失灵保护。

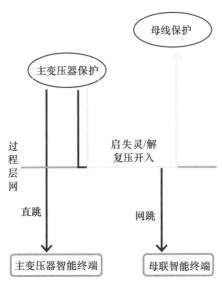

图2-13 开关失灵接收软压板动作说明图

3. 接收远方跳闸软压板

部分厂家的线路保护装置配有接收远方跳闸软压板，如CSC-103BE线路保护，用于控制母差至线路保护远跳命令的接收。若投入该压板，线路保护可接收来自母差动作时的远跳命令，在线路开关失灵拒动时，向线路对侧开关保护发送远跳命令，跳对侧开关隔离本侧母线故障。

（四）SV接收软压板

SV接收软压板用于控制智能装置是否接收合并单元发出的SV报文，同时监视SV采样链路的状态。该软压板位于保护装置内部。图2-14为PCS-978主变压器保护装置SV接收软压板实例，主要接收来自主变压器高、中、低压侧合并单元的SV信号。

当SV接收软压板置"1"时，接收相应的合并单元采样值参与保护逻辑运算，采样链路发生异

图2-14 PCS-978主变压器保护装置SV接收软压板

常时闭锁相应保护功能。如，电压采样链路异常时，将闭锁与电压采样值相关的过电压、距离等保护功能；电流采样链路异常时，将闭锁与电流采样相关的电流差动、零序电流等功能。

当SV接收软压板置"0"时，对应的合并单元采样值不显示，也不参与保护逻辑运算；同时，对应的采样链路异常也不影响保护运行。

（五）测控功能压板

测控功能压板用于实现相应测控功能的投、退，常见于测控装置或保护测控一体装置中。对没有独立测控装置的开关，应启用保护测控装置中的测控功能压板。智能变电站中常见的测控功能压板有遥控投入软压板、遥控检无压软压板和遥控检同期软压板。投入遥控投入软压板，后台机或调度可从远方对断路器遥控。投入遥控检无压软压板，当后台机或调度从远方对断路器发遥控合闸命令时，装置将检无压合闸。投入遥控检同期软压板，当后台机或调度从远方对断路器发遥控合闸命令时，装置将进行检同期合闸。

（六）远方控制压板

远方控制压板用于控制保护定值、软压板的远方操作，包括远方投退（控制）压板、远方修改定值软压板、远方切换定值区软压板。在图2-7所示的PCS-978主变压器保护装置保护功能退软压板的主界面中，前三项均属于远方控制压板。

1. 远方修改定值软压板

智能变电站保护装置中的远方修改定值软压板与常规变电站相同。远方修改定值软压板只能在装置本地修改。当远方修改定值软压板置"1"时，装置的通信参数、设备参数、保护定值可在后台机远方修改也可就地修改；置"0"时，只能就地修改定值。

2. 远方切换定值区软压板

智能变电站保护装置中的远方切换定值区软压板与常规变电站相同。远方切换定值区软压板只能在装置本地修改。当远方切换定值区软压板置"1"时，装置定值区可远方切换也可就地切换；置"0"时，只能就地切换定值区。运行定值区号应放入遥测数据集。

3. 远方投退（控制）软压板

智能变电站保护装置中的远方投退（控制）压板与常规变电站的远方控制压

板相同。远方投退（控制）压板只能在装置本地修改。当远方投退（控制）压板置"1"时，装置功能软压板、GOOSE出口软压板可远方投退也可就地投退；置"0"时，只能就地投退功能软压板和GOOSE出口软压板。实现远方修改定值、远方切换定值区需将远方投退（控制）软压板置"1"。

三、智能装置运行状态

智能装置的各类硬压板和软压板有多种投退组合，根据压板投退状态的不同，智能装置的运行状态也不同。

（一）合并单元运行状态

合并单元运行状态分跳闸和停用两种。跳闸状态是指合并单元装置电源投入，合并单元检修硬压板退出。停用状态是指合并单元检修硬压板投入，装置电源关闭。

（二）保护装置运行状态

继电保护装置运行状态分跳闸、信号和停用三种。

跳闸状态是指保护装置电源投入，主保护、后备保护及相关测控功能软压板投入，GOOSE跳闸、启动失灵及SV接收等软压板投入，保护装置检修硬压板退出。

信号状态是指保护装置电源投入，主保护、后备保护及相关测控功能软压板、SV接收软压板投入，跳闸、启动失灵等GOOSE发送软压板退出，保护装置检修硬压板退出。

停用状态是指保护装置电源关闭，主保护、后备保护及相关测控功能软压板、SV接收软压板退出，跳闸、启动失灵等GOOSE发送软压板退出，保护装置检修硬压板投入。

（三）智能终端运行状态

智能终端运行状态分跳闸和停用两种。

跳闸状态是指智能终端装置电源投入，跳/合闸出口硬压板投入，智能终端检修硬压板退出。

停用状态是指智能终端装置电源关闭，跳/合闸出口硬压板退出，智能终端检修硬压板投入。

第二节　软压板管理

在智能变电站中，软压板整合了常规变电站的功能软压板和出口软压板，软压板涉及智能装置间交互信号的隔离，检修人员及运行人员日常工作中均会涉及软压板的投退，因此不再把软压板作为定值进行管理。

一、软压板投退原则

一般应按照以下原则进行软压板投退操作：

（1）SV接收软压板、GOOSE发送软压板、GOOSE接收软压板的投退设置应根据保护装置实际接线和运行状态确定。

1）保护装置投入运行时，应投入装置SV接收软压板、GOOSE发送软压板、GOOSE接收软压板。

2）保护装置由运行转检修时，应退出SV接收软压板、GOOSE出口软压板、GOOSE接收软压板。

3）某间隔一次设备检修时，该间隔二次设备应根据现场运行规程转检修，应同时退出母线保护、主变压器保护等跨间隔设备中相应支路的SV接收软压板、GOOSE发送软压板、GOOSE接收软压板。

（2）装置功能软压板的投退设置应按照电网调度运行要求，根据现场运行规程中的软压板操作规定执行。

（3）应采取技术措施和管理措施保证继电保护装置远方操作的可靠性。在保护远方操作可靠性未经确认前，保护装置远方控制软压板、远方修改定值软压板、远方切换定值区软压板、允许远方操作软压板等远方操作类软压板均应退出。

二、软压板投退注意事项

设备投运前，后台监控界面保护装置软压板应与设备实际一一对应，对母差、失灵保护压板应有相应间隔名称对应。保护压板投退在后台操作，操作前、后均应在监控界面上核对软压板实际状态。因通信中断无法远程投退软压板时，应履行手续转为就地操作。后台操作、就地操作必须两人进行，一人操作、一人监护。

继电保护装置在投入状态，操作其间隔投入压板（或间隔检修硬压板）、SV接收软压板时，应在对应间隔停电的情况下进行。

继电保护装置退出时，应断开其GOOSE出口软压板（线路纵联保护还应退出对侧纵联功能），一般不应断开继电保护装置及其附属二次设备的直流电源。闭锁式纵联保护装置如需停用直流电源，应在两侧纵联保护停用后，才允许停直流电源。

重合闸功能操作时，仅对保护装置的软压板进行操作，智能终端的硬压板均应投入。当启用线路的重合闸功能时，严禁投入任一保护设备的停用重合闸压板。投入重合闸功能的保护设备，应检查重合闸控制字、功能软压板、出口软压板和智能终端硬压板均投入，未投入重合闸功能的保护设备，应退出重合闸出口软压板。当线路重合闸停用时，退出重合闸出口软压板，投入停用重合闸压板。

第三节　检修硬压板检修机制及其操作

一、检修机制

在常规变电站中，当投入保护装置的检修硬压板时，仅屏蔽保护装置上送监控后台的信息。而智能变电站是通过投退检修硬压板改变本装置的检修状态，对发送的报文检修标志位进行置位。

（一）检修状态

智能装置的检修状态通过检修硬压板开入实现，检修硬压板只能就地操作，当压板投入时，表示装置处于检修状态。装置应通过LED状态灯、液晶显示或报警接点提醒运行、检修人员装置处于检修状态。

常规变电站的检修硬压板投入后，保护装置只会将其上送的103事件报文屏蔽。而在智能变电站中，当智能装置投上检修硬压板后，发送的报文TEST位为"TRUE"，接收端装置将收到的报文与装置自身检修状态进行比对，不一致时，此报文数据不进入接收装置的逻辑运算和指令执行，进而实现检修装置与运行装置的安全隔离。具体来讲，会产生以下作用：

（1）站控层发送的MMS报文置检修状态标志，监控、远动、子站做相应处理。

（2）过程层发送的GOOSE、SV报文置检修状态标志。

（3）仅当智能装置接收到的GOOSE、SV报文与装置自身检修状态为同一状态时才处理收到的报文。

（二）MMS报文检修机制

MMS报文应满足以下检修机制要求：

（1）装置应将检修硬压板状态上送客户端。

（2）当装置检修硬压板投入时，本装置上送的所有报文中信号的品质q的TEST位置为"TRUE"。

（3）当装置检修硬压板退出时，经本装置转发的信号应能反映GOOSE信号的原始检修状态。

（4）客户端根据上送报文中的品质q的TEST位判断报文是否为检修报文并作出相应处理。当报文为检修报文，报文内容应不显示在简报窗中，不发出音响告警，但应该刷新画面，保证画面的状态与实际相符。检修报文应存储，并可通过单独的窗口进行查询。

（三）GOOSE报文检修机制

在智能变电站的保护装置及智能终端上分别设置有一块检修硬压板。当该检修硬压板投入时，相应装置发出的GOOSE报文TEST位为"TRUE"，如图2-15所示。

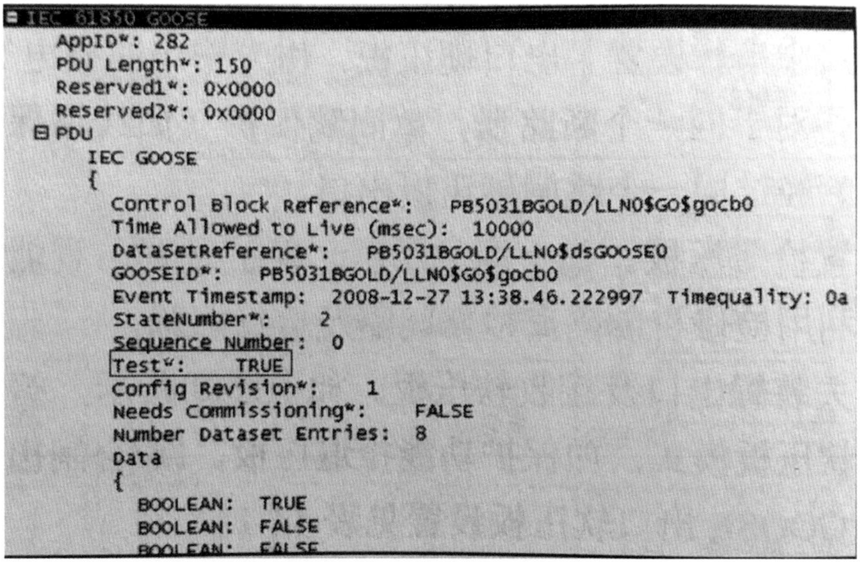

图2-15　GOOSE报文中的TEST位

GOOSE接收端装置将接收到的GOOSE报文TEST位与装置自身的检修硬压板状态进行比较，做"异或"逻辑判断，当且仅当两者一致时，才将信号作为有效信号进行处理或动作，不一致时宜保持一致前状态，但智能终端仍应以遥信方式转发接收到的跳/合闸命令。以保护装置至智能终端的跳闸GOOSE报文为例，GOOSE检修处理机制如图2-16所示。

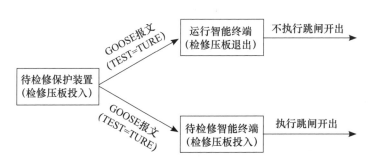

图2-16　GOOSE检修处理机制示意图

当发送方GOOSE报文中TEST置位时发生GOOSE中断，接收装置应报具体的GOOSE中断告警，但不应报"装置告警（异常）"信号，不应亮"装置告警（异常）"灯。

GOOSE报文检修机制说明见表2-3。

表2-3　　　　　　　　　GOOSE报文检修机制说明表

保护装置 检修硬压板状态	智能终端 检修硬压板状态	结果
投入	投入	保护装置动作时，智能终端执行保护装置相关跳/合闸指令
投入	退出	保护装置动作时，智能终端不执行保护装置相关跳/合闸指令
退出	投入	保护装置动作时，智能终端不执行保护装置相关跳/合闸指令
退出	退出	保护装置动作时，智能终端执行保护装置相关跳/合闸指令

（四）SV报文检修机制

SV报文应满足以下检修机制要求：

（1）当合并单元检修硬压板投入时，发送采样值报文中采样值数据的品质q

的TEST位应置"TRUE"。

（2）SV接收端装置应将接收的SV报文中的TEST位与装置自身的检修硬压板状态进行比较，只有两者一致时才将该信号用于保护逻辑，否则应按相关通道采样异常进行处理。

（3）对于多路SV输入的保护装置，一个SV接收软压板退出时应退出该路采样值，该SV中断或检修均不影响本装置运行。

SV报文检修机制说明见表2-4。

表2-4　　　　　　　　　　　SV报文检修机制说明表

保护装置 检修硬压板状态	合并单元 检修硬压板状态	结果
投入	投入	合并单元发送的采样值参与保护装置逻辑计算，但保护动作报文置检修标识
投入	退出	合并单元发送的采样值不参与保护装置逻辑计算
退出	投入	合并单元发送的采样值不参与保护装置逻辑计算
退出	退出	合并单元发送的采样值参与保护装置逻辑计算

二、检修硬压板操作原则

合并单元、智能终端、保护装置等智能装置进行检修工作时需投入检修硬压板，智能装置之间如因检修硬压板投入不一致可能导致保护功能误闭锁或出口命令误闭锁。因此，在投退检修硬压板时，务必熟悉不同智能装置检修硬压板的操作原则。

（一）合并单元检修硬压板操作原则

在一次设备停役时，操作间隔合并单元检修硬压板前，应确认所属一次设备处于检修状态或冷备用状态，且所有相关保护装置的SV接收软压板已退出，特别是仍继续运行的保护装置。

在一次设备不停役时，操作间隔合并单元检修硬压板前，应在对应的所有保护装置处于信号或停用状态后，方可投入该合并单元检修硬压板。

对于母线合并单元，在一次设备不停役时，应先按照母线电压异常处理、根据需要申请变更相应继电保护的运行方式后，方可投入该合并单元检修硬压板。

操作合并单元检修硬压板后，应查看装置指示灯、人机界面变位报文或开入变位等情况，同时核查相关运行装置是否出现非预期信号，确认正常后方可执行后续操作。

（二）保护装置检修硬压板操作原则

操作保护装置检修硬压板前，应确认保护装置处于信号状态，且与之相关的运行保护装置（如母差保护）二次回路的软压板（如失灵启动软压板等）已退出。

操作保护装置检修硬压板后，应查看装置指示灯、人机界面变位报文或开入变位等情况，同时核查相关运行装置是否出现非预期信号，确认正常后方可执行后续操作。

（三）智能终端检修硬压板操作原则

在一次设备停役时，操作智能终端检修硬压板前，应确认所属断路器处于分位、遥控出口硬压板已退出，且所有相关保护装置的GOOSE接收软压板已退出，特别是仍继续运行的保护装置。

在一次设备不停役时，进行智能终端故障检修时，应先确认该智能终端跳/合闸出口硬压板、遥控出口硬压板已退出，并根据需要退出保护重合闸功能、投入母线保护对应隔离开关强制软压板，且同一设备的两套智能终端之间无电气联系后，方可投入该智能终端检修硬压板。

操作智能终端检修硬压板后，应查看装置指示灯、人机界面变位报文或开入变位等情况，同时核查相关运行装置是否出现非预期信号，确认正常后方可执行后续操作。

三、检修硬压板操作注意事项

（一）误投检修硬压板的影响

1. 检修不一致

智能装置之间如因检修硬压板投入不一致可能导致保护功能误闭锁或出口命令误闭锁。图2-17所示为典型智能装置之间的检修关联机制。当系统发生故障时，合并单元采集到故障电压或电流，向保护装置发送故障时电流电压信号，此时保护装置与合并单元会首先进行检修标志比对。如果两者检修状态一致，保护装置接收合并单元传送的信息并进行逻辑运算，计算后达到动作值，向智能终端发送跳闸信号；反之，如果检修状态不一致，合并单元向正常运行保护装置发送的报文保护装置虽然会接收，但不使用该数据进行逻辑计算，导致的结果是保护拒动。

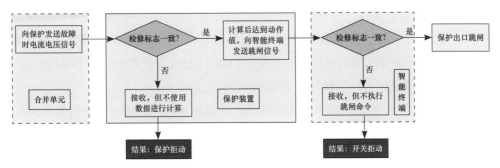

图2-17　典型智能装置之间的检修关联机制

同理，保护装置向智能终端发送的跳闸信号，到达智能终端后，智能终端也会首先将信号的检修标志与自身的检修标志做比较。如果两者检修状态一致，智能终端收到保护跳闸指令出口跳闸；如果信号的检修标志和自身的不一致，则该信号不会被智能终端执行，导致开关拒动。

2．合并单元误投检修硬压板的影响

（1）间隔合并单元。间隔合并单元误投检修硬压板时，该合并单元发出的所有电流电压信号均带有检修标志，接收该合并单元信号的保护装置由于检修状态不一致，能够显示采样值，但保护逻辑功能被闭锁。因此，在合并单元置检修前，应该退出对应保护装置该支路SV接收软压板，否则对应保护将被闭锁，造成故障时保护拒动。对于主变压器保护，任一侧间隔合并单元投检修时，闭锁差动保护和本侧的后备保护，但不影响其他侧后备保护。

（2）母线合并单元。母线合并单元误投检修硬压板时，由于母线合并单元只采集母线电压，因此仅闭锁与电压相关的保护元件，如闭锁距离保护，开放母差保护电压闭锁。差动保护等纯电流保护元件不受检修状态影响。

（3）本体合并单元。本体合并单元误投检修硬压板时，闭锁主变压器零序过流及间隙过流保护，但不影响主变压器差动及各侧后备保护。

3．保护装置误投检修硬压板的影响

（1）线路保护装置。线路保护装置误投检修硬压板时，发出报文显示检修状态。此时装置能够显示采样值，也有差流显示，但由于合并单元与保护装置检修状态不一致，导致采样值不参与保护逻辑，线路故障时，保护不能正常动作。由于保护装置与智能终端的检修不一致，所有开出和跳闸功能均无效。同时，线路保护还会向母差保护发送带检修标志的失灵启动报文导致母差保护告警。

（2）母差保护装置。母差保护装置误投检修硬压板时，由于与合并单元检修不一致，母差保护装置闭锁，发送的报义置检修态；由于线路保护、智能终端与母差保护检修状态不一致，此时线路保护、智能终端均无法处理母差保护的GOOSE报文。

4．智能终端误投检修硬压板的影响

（1）间隔智能终端。间隔智能终端误投检修硬压板时，所有保护装置在故障时能够正确动作，但是发送的跳闸报文与智能终端的检修状态不一致，导致智能终端不能出口，造成开关拒动。合并单元的电压切换功能从智能终端接收母线隔离开关位置信号，因此合并单元将保持智能终端置检修前的电压切换模式。此外检修状态不一致还会导致本间隔开关、隔离开关也无法进行遥控操作。当间隔智能终端置检修时，线路保护装置重合闸无法充电，已充电的会立即放电。

（2）本体智能终端。本体智能终端误投检修硬压板时，将影响主变压器调挡及隔离开关遥控功能，但不影响非电量保护的功能。

合并单元、保护装置和智能终端检修硬压板在各种投退状态下，保护装置、智能终端以及开关的动作情况见表2-5。

表2-5　　　　　故障发生时保护装置、智能终端以及开关的动作情况表

序号	合并单元检修状态	保护装置检修状态	智能终端检修状态	保护装置、智能终端以及开关的动作情况
1	0	0	0	保护动作，智能终端出口，开关跳开
2	1	0	0	保护不动作
3	0	0	1	保护动作，智能终端不出口，开关不跳
4	0	1	0	保护不动作
5	1	0	1	保护不动作
6	1	1	0	保护动作，智能终端不出口，开关不跳
7	0	1	1	保护不动作
8	1	1	1	保护动作，智能终端出口，开关跳开

注　检修状态"1"表示检修硬压板投入，"0"表示检修硬压板退出。

（二）检修不一致控制措施

当合并单元或智能终端有检修工作时，有必要根据工作内容情况对相应保护进行投退。

合并单元一般不单独投退，根据影响程度确定相应保护装置的投退。双重化配置的合并单元单台校验、消缺时，可不停役相关一次设备，但应退出对应的线路保护、母线保护等接入该合并单元采样值信息的保护装置；单套配置的合并单元校验、消缺时，需停役相关一次设备；若一次设备停役，合并单元校验、消缺时，应退出对应的线路保护、母线保护等相关装置内该间隔的SV接收软压板（如母线保护内该间隔投入软压板、SV接收软压板等）；母线合并单元校验、消缺时，按《国调中心关于印发〈智能变电站继电保护和安全自动装置现场检修安全措施指导意见（试行）〉的通知》（国家电网调继〔2015〕92号）中母线电压异常处理。

智能终端可单独投退，也可根据影响程度确定相应保护装置的投退。若为双重化配置的智能终端单台校验、消缺时，可不停役相关一次设备，但应退出该智能终端出口压板，退出重合闸功能。同时，可根据需要退出受影响的保护装置，将相应母线保护中的隔离开关位置进行强制置位；若为单套配置的智能终端校验、消缺时，需停役相关一次设备，同时根据需要退出受影响的相关保护装置。

第四节　定值解析

一、典型定值单

（一）主变压器保护定值单

主变压器保护一般配备主保护、后备保护以及非电量保护。以220kV××变电站的2号主变压器1号保护（PCS-978GE-D）定值单为例进行解析，主变压器保护定值单一般包含装置参数定值、设备参数定值、主保护、高后备保护、中后备保护、低后备保护、自定义保护、软压板以及跳闸矩阵等。

1. 装置参数定值

PCS-978GE-D型装置参数定值见表2-6。

表2-6 PCS-978GE-D型装置参数定值

厂站名称：220kV××变电站				变压器名称：220kV××变电站2号变压器		
保护名称：2号变压器1号保护装置						
保护装置型号：PCS-978GE-D				软件版本号：2.63		
序号	名称	定值范围		整定值	单位	备注
1	状态量显示切换	0，1		按现场实际		
2	参数显示切换	0，1		1		0：一次值；1：二次值

　　装置定值采用一次值或者二次值可通过装置参数中的参数显示切换进行设定，当采用一次值进行整定时，电流定值对应的TA一次定值不能整定为0（除非本组TA不使用）。

　　2. 设备参数定值

　　PCS-978GE-D型设备参数定值见表2-7。

表2-7 PCS-978GE-D型设备参数定值

序号	名称		定值范围	整定值	单位	备注
1	基本参数	定值区号	0~10	按现场实际		
2		被保护设备	最长8个汉字	按现场实际		2号主变压器
3	变压器参数	主变压器高中压侧额定容量	1~3000	240	MVA	
4		主变压器低压侧额定容量	1~3000	120	MVA	
5		中压侧接线方式钟点数	1~12	12		
6		低压侧接线方式钟点数	1~12	11		
7		高压侧额定电压	0~9999	230	kV	
8		中压侧额定电压	0~9999	121	kV	
9		低压侧额定电压	0~9999	10.5	kV	
10	TV	高压侧TV一次值	1~1200	220	kV	
11		中压侧TV一次值	1~1200	110	kV	
12		低压侧TV一次值	1~1200	10	kV	

续表

序号	名称		定值范围	整定值	单位	备注
13		高压侧TA一次值	0~9999	1250	A	
14		高压侧TA二次值	1或5	5	A	
15		高压侧零序TA一次值	0~9999	600	A	
16		高压侧零序TA二次值	1或5	5	A	
17		高压侧间隙TA一次值	0~9999	400	A	
18		高压侧间隙TA二次值	1或5	5	A	
19		中压侧TA一次值	0~9999	2000	A	
20		中压侧TA二次值	1或5	5	A	
21	TA	中压侧零序TA一次值	0~9999	600	A	
22		中压侧零序TA二次值	1或5	5	A	
23		中压侧间隙TA一次值	0~9999	400	A	
24		中压侧间隙TA二次值	1或5	5	A	
25		低压侧1分支TA一次值	0~9999	3150	A	
26		低压侧1分支TA二次值	1或5	5	A	
27		低压侧2分支TA一次值	0~9999	3150	A	
28		低压侧2分支TA二次值	1或5	5	A	
29		低压侧电抗器TA一次值	0~9999	0	A	
30		低压侧电抗器TA二次值	1或5	5	A	
31		高压侧电流负极性	0, 1	0		
32	TA极性	中压侧电流负极性	0, 1	0		0: 正极性; 1: 负极性
33		低压侧1分支电流负极性	0, 1	0		
34		低压侧2分支电流负极性	0, 1	0		

（1）TV二次侧额定线电压默认为100V。

（2）变压器高压侧固定为12点钟接线方式，中低压侧接线方式钟点数整定偶数时为星形接线，整定奇数时为三角形接线，因此根据表2-7中第5项，该变压器中压侧也为星形接线。

（3）当某侧（或某分支）无电流输入时，应将TA一次值整定为最小值，见表2-7中第29项。

（4）表2-7中第31~34项定值应以第一次投运时的值为标准进行整定，且第一次整定时需要由继电保护人员进行确认，调度后续不再单独对第31~34项下达定值，日常也不再改动。

3. 主保护定值

PCS-978GE-D型主保护定值见表2-8。

表2-8　　　　　　　　　　　　PCS-978GE-D型主保护定值

保护功能	序号	名称	定值范围	整定值	单位	备注
差动保护	1	纵差差动速断电流定值	0.05~20	5	A	
	2	纵差保护启动电流定值	0.05~5	0.5	A	
	3	二次谐波制动系数	0.05~0.3	0.15		
差动保护控制字	1	差动速断	0，1	1		
	2	比例差动	0，1	1		
	3	二次谐波制动	0，1	0		1：二次谐波，0：其他涌流判别
	4	TA断线闭锁差动保护	0，1	1		

当TA断线闭锁差动保护整定为"0"时，比率差动不经过TA断线和短路闭锁；当TA断线闭锁差动保护整定为"1"时，低值比率差动经过TA断线和短路闭锁，即发生TA断线和短路时，闭锁差动保护，发异常信号。为了增加保护的可靠性，该值一般整定为"1"。

4. 后备保护定值

主变压器后备保护分为高后备保护、中后备保护和低后备保护。各后备保护主要由复压过流保护、零序过流保护、间隙零序保护构成，其中，高后备保护的复压过流Ⅰ段经方向闭锁，复压过流Ⅱ段不经方向闭锁；中后备保护的复压过流1、2时限经方向闭锁，复压过流3时限不经方向闭锁；间隙保护控制字为间隙零序过流保护和零序电压保护共用控制字。PCS-978GE-D型主变压器后备保护定值见表2-9。

表2-9　　　　　　　　　　　PCS-978GE-D型主变压器后备保护定值

保护功能	序号		名称	定值范围	整定值	单位	备注
高后备保护	1	复压过流保护	低电压定值	2 ~ 200	75	V	线电压
	2		负序电压定值	2 ~ 200	4	V	相电压
	3		复压闭锁过流 I 段定值	0.04 ~ 150	3.78	A	
	4		复压闭锁过流 I 段1时限	0 ~ 20	4	s	
	5		复压闭锁过流 I 段2时限	0 ~ 20	4.5	s	
	6		复压闭锁过流 II 段定值	0.04 ~ 150	3.78	A	
	7		复压闭锁过流 II 段时间	0 ~ 20	5	s	
	8	零序过流保护	零序过流 I 段定值	0.04 ~ 150	3.2	A	TA:1250/5
	9		零序过流 I 段1时限	0 ~ 20	2.5	s	
	10		零序过流 I 段2时限	0 ~ 20	3	s	
	11		零序过流 II 段定值	0.25 ~ 150	5	A	TA:600/5
	12		零序过流 II 段时间	0 ~ 20	3.5	s	
	13	间隙零序保护	间隙零流时间	0 ~ 20	1.5	s	
高压侧后备保护控制字	1	复压过流保护	复压过流 I 段指向母线	0, 1	1		
	2		复压闭锁过流 I 段1时限	0, 1	1		
	3		复压闭锁过流 I 段2时限	0, 1	1		
	4		复压闭锁过流 II 段	0, 1	1		
	5	零序过流保护	零序过流 I 段指向母线	0, 1	1		
	6		零序过流 I 段1时限	0, 1	1		
	7		零序过流 I 段2时限	0, 1	1		
	8		零序过流 II 段	0, 1	1		
	9	间隙零序保护	间隙过压用自产零序电压	0, 1	1		间隙零序过流保护和零序电压保护共用该控制字
	10		间隙保护	0, 1	1		
	11		高压侧失灵经主变压器跳闸	0, 1	1		

续表

保护功能	序号	名称		定值范围	整定值	单位	备注
中压侧后备保护	1	复压过流保护	低电压定值	2～200	75	V	线电压
	2		负序电压定值	2～200	4	V	相电压
	3		复压闭锁过流Ⅰ段定值	0.04～150	4.3	A	
	4		复压闭锁过流Ⅰ段1时限	0～20	4	s	
	5		复压闭锁过流Ⅰ段2时限	0～20	4.5	s	
	6		复压闭锁过流Ⅰ段3时限	0～20	5	s	
	7		限时速断电流定值	0.04～150	17.2	A	
	8		限时速断1时限	0～20	1.7	s	
	9		限时速断2时限	0～20	2	s	
	10	零序过流保护	零序过流Ⅰ段定值	0.04～150	3.5	A	TA:2000/5
	11		零序过流Ⅰ段1时限	0～20	2.5	s	
	12		零序过流Ⅰ段2时限	0～20	3	s	
	13		零序过流Ⅱ段定值	0.04～150	5	A	TA:600/5
	14		零序过流Ⅱ段时间	0～20	3.5	s	
	15	间隙零序保护	间隙零流时间	0～20	1.5	s	
中压侧后备保护控制字	1	复压过流保护	复压闭锁过流指向母线	0, 1	1		
	2		复压闭锁过流1时限	0, 1	1		
	3		复压闭锁过流2时限	0, 1	1		
	4		复压闭锁过流3时限	0, 1	1		
	5		限时速断过流1时限	0, 1	1		
	6		限时速断过流2时限	0, 1	1		
	7	零序过流保护	零序过流Ⅰ段指向母线	0, 1	1		
	8		零序过流Ⅰ段1时限	0, 1	1		
	9		零序过流Ⅰ段2时限	0, 1	1		
	10		零序过流Ⅱ段	0, 1	1		
	11	间隙零序保护	间隙过压用自产零序电压	0, 1	1		
	12		间隙保护	0, 1	1		
	13		中压侧失灵经主变压器跳闸	0, 1	1		

保护功能	序号		名称	定值范围	整定值	单位	备注
低后备保护	1	过流保护	过流定值	0.04～150	24	A	
	2		过流1时限	0～20	0.9	s	备用
	3		过流2时限	0～20	1.2	s	
	4		过流3时限	0～20	1.5	s	
	5		低电压定值	2～200	75	V	线电压
	6		负序电压定值	2～200	4	V	相电压
	7		复压闭锁过流定值	0.04～150	14.2	A	
	8		复压闭锁过流1时限	0～20	0.9	s	备用
	9		复压闭锁过流2时限	0～20	1.2	s	
	10		复压闭锁过流3时限	0～20	1.5	s	
低后备保护控制字	1	复压闭锁过流保护	过流1时限	0, 1	0		
	2		过流2时限	0, 1	1		
	3		过流3时限	0, 1	1		
	4		复压闭锁过流1时限	0, 1	0		
	5		复压闭锁过流2时限	0, 1	1		
	6		复压闭锁过流3时限	0, 1	1		

5. 自定义保护

PCS-978GE-D型主变压器保护装置自定义保护定值见表2-10,自定义定值中的复压过流保护用于低压侧电抗支路,启动风冷定值和闭锁调压定值均需在变压器场地进行整定。

表2-10　　　　　　　　　PCS-978GE-D型自定义保护定值

保护功能	序号	名称	定值范围	整定值	单位	备注
自定义保护（低压电抗保护）	1	复压闭锁过流定值	0.04～150	99	A	
	2	复压闭锁过流1时限	0～20	9.9	s	

续表

保护功能	序号	名称	定值范围	整定值	单位	备注
自定义保护（低压电抗保护）	3	复压闭锁过流2时限	0～20	9.9	s	
	4	启动风冷定值	0.05～20	0.7	A	在场地实现
	5	启动风冷延时	0～20	6	s	
	6	闭锁调压定值	0.05～20	1	A	在场地实现，场地定值：主变压器并列0.67A，主变压器分列或单台变压器运行0.79A（TA：800/1）
	7	闭锁调压延时	0～20	6	s	
自定义保护控制字	1	工频变化量差动保护	0，1	1		
	2	复压闭锁过流1时限	0，1	0		
	3	复压闭锁过流2时限	0，1	0		
	4	启动风冷	0，1	0		在场地实现
	5	闭锁调压	0，1	0		在场地实现

6. 软压板

一般定值单中只会下达功能软压板，GOOSE及SV接收软压板按照现场实际整定。对于本定值单（PCS-978GE-D装置）而言，正常运行方式下，SV接收软压板中除去备用软压板外均需投入；GOOSE接收软压板中除备用和中压侧开关失灵联跳接收软压板外均应按规定投入；GOOSE发送软压板中除备用和中压侧开关失灵/解除复压出口软压板外，均应按规定投入。PCS-978GE-D型软压板见表2-11。

表2-11   PCS-978GE-D型软压板

软压板状态					
序号	压板名称	定值范围	整定值	单位	备注
1	远方修改定值	0，1	按现场实际		远方控制软压板
2	远方控制压板	0，1	按现场实际		
3	远方切换定值区	0，1	按现场实际		
4	高压侧电压投入	0，1	1		本侧TV检修时置"0"
5	中压侧电压投入	0，1	1		本侧TV检修时置"0"

续表

软压板状态					
序号	压板名称	定值范围	整定值	单位	备注
6	低压侧电压投入	0, 1	1		本侧TV检修时置"0"
7	主保护	0, 1	1		
8	高压侧后备保护	0, 1	1		
9	中压侧后备保护	0, 1	1		投入主变压器保护
10	低压侧后备保护	0, 1	1		
11	低压电抗后备保护	0, 1	0		

注　GOOSE及SV等软压板按现场实际整定。

（二）线路保护定值单

线路保护一般配备主保护和后备保护，主保护为光纤纵联差动保护，后备保护为距离保护、零序过流保护等。以220kV××变电站的220kV线路1号保护（PCS-931GPM-D）定值单为例进行解析。

1. 保护定值及控制字

PCS-931GPM-D型保护定值及控制字见表2-12。

本定值单包括以分相电流差动和零序电流差动为主体的快速主保护，由工频变化量距离元件构成的快速Ⅰ段保护，由三段式相间和接地距离及2个零序方向过流构成的全套后备保护，并配有自动重合闸功能。

定值禁止重合闸控制字置"1"，则重合闸退出，但保护仍是选相跳闸的。要实现保护重合闸停用，需将停用重合闸控制字、停用重合闸软压板、闭锁重合闸硬压板三者任一投上。当控制字单相重合闸或三相重合闸置"1"时，本装置重合闸投入。

表2-12　　　　　　　　PCS-931GPM-D型保护定值及控制字

序号	保护定值		备注
1	变化量启动电流定值	0.8A	保护启动定值
2	零序启动电流定值	0.8A	
3	差动作电流定值	1.6A	保护动作定值
4	本侧识别码	26331	

序号	保护定值		备注
5	对侧识别码	26731	
6	线路正序阻抗定值	0.09Ω	线路全长的参数，用于测距计算
7	线路正序灵敏角	80°	线路全长的参数，用于差动保护计算
8	线路零序阻抗定值	0.11Ω	线路全长的参数，用于测距计算
9	线路零序灵敏角	64°	线路全长的参数，用于差动保护计算
10	线路正序容抗定值	116Ω	若电流补偿控制字没有投入，正序、零序容抗可在整定范围内随意整定
11	线路零序容抗定值	168Ω	
12	线路总长度	4.84km	用于测距计算
13	接地距离Ⅰ段定值	0.01Ω	保护线路全长的0.8~0.85
14	接地距离Ⅱ段定值	0.68Ω	与动作时间配合，保护线路全长
15	接地距离Ⅱ段时间	0.6s	
16	接地距离Ⅲ段定值	8.5Ω	
17	接地距离Ⅲ段时间	4s	
18	相间距离Ⅰ段定值	0.01Ω	保护线路全长的0.8~0.9
19	相间距离Ⅱ段定值	0.68Ω	
20	相间距离Ⅱ段时间	0.6s	
21	相间距离Ⅲ段定值	8.5Ω	
22	相间距离Ⅲ段时间	5.50s	
23	负荷限制电阻定值	3.98Ω	
24	零序过流Ⅱ段定值	32A	
25	零序过流Ⅱ段时间	1.3s	
26	零序过流Ⅲ段定值	0.96A	
27	零序过流Ⅲ段时间	4s	
28	零序过流加速段定值	0.96A	
29	TV断线相过流定值	8A	在TV断线时自动投入
30	TV断线零序过流定值	0.96A	
31	TV断线过流时间	1.3s	
32	单相重合闸时间	1s	
33	三相重合闸时间	9s	
34	同期合闸角	20°	

续表

序号	保护定值		备注
35	电抗器阻抗定值	1800Ω	
36	中性点电抗器阻抗定值	1800Ω	
37	TA变比系数	0.63	
38	不一致零负序电流	0.25A	
39	三相不一致保护时间	2.5s	
40	工频变化量阻抗定值	0.1Ω	
41	零序补偿系数K_Z	0.1	
42	接地距离偏移角	30°	
43	相间距离偏移角	15°	
44	TA断线差流定值	99A	
45	振荡闭锁过流定值	6.4A	
46	对侧电抗器阻抗定值	1800Ω	
47	对侧中性点电抗器阻抗	1800Ω	

序号	保护控制字		备注
1	纵联差动保护	1	
2	TA断线闭锁差动	1	置"1"：TA断线时，闭锁差动保护
3	通信内时钟	1	
4	电压取线路TV电压	0	置"0"：保护测量用的电压取自母线；置"1"：保护测量用的电压取自线路
5	振荡闭锁元件	1	
6	距离保护Ⅰ段	0	
7	距离保护Ⅱ段	1	
8	距离保护Ⅲ段	1	
9	零序电流保护	1	
10	零序过流Ⅲ段经方向	0	
11	三相跳闸方式	1	置"1"：故障均三跳，不闭锁重合闸
12	重合闸检同期方式	0	
13	重合闸检无压方式	0	
14	Ⅱ段保护闭锁重合闸	1	置"1"：零序Ⅱ段、距离Ⅱ段保护动作三跳并闭锁重合闸
15	多相故障闭锁重合闸	1	多相故障、非全相运行再故障闭锁重合闸

续表

序号	保护控制字		备注
16	单相重合闸	0	此4项有且只能有一项置"1"，否则保护装置报警，并按停用重合闸处理。其中，禁止重合闸仅放电，禁止本装置重合，不沟通三跳；停用重合闸既放电，又闭锁重合闸，并沟通三跳
17	三相重合闸	0	
18	禁止重合闸	0	
19	停用重合闸	1	
20	工频变化量阻抗	0	
21	电流补偿	0	
22	三相不一致保护	1	
23	不一致经零负序电流	1	
24	单相TWJ启动重合闸	0	
25	三相TWJ启动重合闸	0	
26	远跳经本侧控制	1	
27	负荷限制距离	1	
28	三重加速距离保护Ⅱ段	0	
29	三重加速距离保护Ⅲ段	1	

2. 软压板

一般定值单中只会下达功能软压板，GOOSE及SV接收软压板按照现场实际整定。对于本定值单（PCS-931GPM-D装置）而言，一般正常运行方式下，SV接收软压板中除去备用软压板外均需投入运行；GOOSE接收软压板中除备用软压板外均应按规定投入运行；GOOSE发送软压板中除备用和重合闸出口GOOSE发送软压板需与表2-13的停用重合闸软压板配合投退外，其余均应按规定投入运行。

表2-13 PCS-931GPM-D型软压板

序号	软压板		备注
1	远方修改定值	按现场实际要求	远方控制软压板
2	远方控制软压板		
3	远方切换定值区		
4	纵联差动保护软压板	1	
5	停用重合闸软压板	1	与屏上的闭锁重合闸硬压板为"或"的关系。置"1"时，任何故障三跳并闭锁重合闸；但不管停用重合闸压板置"1"还是"0"，外部闭重沟三输入总是有效

（三）母线保护定值单

母线保护一般配备母线差动保护、母联失灵保护及断路器失灵保护等。以220kV××变电站的220kV母线1号母差及失灵保护（PCS-915GA-ETB-M）定值单为例进行解析，见表2-14。

表2-14　　220kV××变电站的220kV母线1号母差及失灵保护定值单

设备参数				
序号	定值名称	整定值	单位	备注
1	定值区号	根据现场实际		基本参数
2	被保护设备	根据现场实际		
3	TV一次额定值	220	kV	TV
4	220kV总路202、203开关TA一次值	1250	A	未使用的支路一次值均置"0"；基准二次电流均为5A
5	××一线266、二线263开关TA一次值	1250	A	
6	备用262、265开关一次值	2000	A	
7	母联TA一次值	2000	A	
8	基准TA一次值	1250	A	
9	虚拟基准TA二次值	5	A	
10	子站1退出	根据现场实际		
11	子站2退出	根据现场实际		
12	投单母主接线	0		均置"0"：表示为双母主接线
13	投单母分段主接线	0		
母线保护定值				
序号	定值名称	整定值	单位	备注
1	差动启动电流定值	2.4	A	电压切换由电压切换开关进行切换
2	TA断线告警定值	0.25	A	
3	TA断线闭锁定值	0.4	A	
4	母联分段失灵电流定值	1.2	A	
5	母联分段失灵时间	0.2	s	

失灵保护定值				
序号	定值名称	整定值	单位	备注
1	低电压闭锁定值	45	V	电压闭锁定值
2	零序电压闭锁定值	6	V	
3	负序电压闭锁定值	4	V	
4	三相失灵相电流定值	2.7	A	
5	失灵零序电流定值	0.48	A	
6	失灵负序电流定值	0.48	A	
7	失灵保护1时限	0.3	s	
8	失灵保护2时限	0.3	s	
控制字（"1"表示投入，"0"表示退出）				
1	差动保护	1		
2	失灵保护	1		
软压板（"1"表示投入，"0"表示退出）				
1	差动保护	1		
2	失灵保护	1		

对于220kV母线保护定值单，其功能软压板一般只下达差动保护和失灵保护软压板的定值，正常运行情况下，运行间隔的间隔投入软压板、间隔开关失灵接收软压板、间隔开关直跳发送软压板均应投入。

（四）母联保护定值单

母联保护即为母联开关的充电过流保护，充电过流保护包括两段相电流过流保护与一段零序过流保护。以220kV××变电站的220kV母联212开关1号保护（PCS-923G-D）定值单为例进行解析，见表2-15。

表2-15　　　220kV××变电站的220kV母联212开关1号保护定值单

定值				
序号	定值名称	定值范围	单位	定值	备注
1	充电过流Ⅰ段电流定值	（0.02～30）×I_n	A	0.6	

续表

定值					
序号	定值名称	定值范围	单位	定值	备注
2	充电过流Ⅰ段时间	$0.00 \sim 10$	s	0.1	
3	充电过流Ⅱ段电流定值	$(0.02 \sim 30) \times I_n$	A	0.6	
4	充电零序过流电流定值	$(0.02 \sim 30) \times I_n$	A	0.6	
5	充电过流Ⅱ段时间	$0.00 \sim 10$	s	0.7	

控制字［运行方式控制字SW（n）整定"1"表示投入，"0"表示退出］					
序号	定值名称	定值范围	步长	定值[①]	备注
1	充电过流保护Ⅰ段	0, 1	1	见备注	两段相电流过流保护
2	充电过流保护Ⅱ段	0, 1	1	见备注	
3	充电零序过流	0, 1	1	见备注	一段零序过流保护

软压板				
序号	参数名称	定值范围	定值[①]	备注
1	远方修改定值	0, 1		
2	远方控制软压板	0, 1	根据现场实际	
3	远方切换定值区	0, 1		
4	充电过流保护软压板	0, 1	见备注	

①充电过流保护，仅对母线充电时投入；充电结束后退出。

表2-15中充电过流保护Ⅰ段、充电过流保护Ⅱ段、充电零序过流3个控制字与充电过流保护软压板仅在对母线充电时投入，充电结束后退出。

（五）备自投保护定值单

一般而言，单母线分段或内桥接线的变电站均配置有备自投保护，其除了具有备用电源自投功能，还具有分段保护测控功能。以110kV××变电站110kV备自投保护（PCS-9651DA-D）定值单为例进行解析。

1. 备自投定值

PCS-9651DA-D型备自投定值见表2-16。

表2-16 　　　　　　　　　　　　PCS-9651DA-D型备自投定值

序号	定值名称	整定值	整定范围	单位	备注
		备自投定值			
1	备自投充电时间	15	0～4000	s	
2	有压定值	70	2～120	V	按线整定
3	无压起动定值	30	2～120	V	$U_{wyqd}<U_{yy}$
4	无压合闸定值	25	2～120	V	$U_{wy}\leqslant U_{wyqd}$
5	进线无流定值	0.1	0.02～10	A	
6	方式1跳闸时间	6	0～4000	s	
7	方式2跳闸时间	6	0～4000	s	
8	方式3跳闸时间	6	0～4000	s	
9	方式4跳闸时间	6	0～4000	s	
10	方式12合闸短延时	0.5	0～4000	s	
11	方式12合闸长延时	0.5	0～4000	s	
12	方式34合闸时间	0.5	0～4000	s	
13	自投方式1投入	1	0，1		备自投装置正常运行时，均应投入
14	自投方式2投入	1	0，1		
15	自投方式3投入	1	0，1		
16	自投方式4投入	1	0，1		
17	线路电压1检查	1	0，1		置"1"：检1号线电压；置"0"：不检1号线电压
18	线路电压2检查	1	0，1		置"1"：检2号线电压；置"0"：不检2号线电压
19	联跳Ⅰ母开关	0	0，1		
20	联跳Ⅱ母开关	0	0，1		
21	检Ⅰ母联跳开关位置	0	0，1		
22	检Ⅱ母联跳开关位置	0	0，1		
23	加速备自投方式1和2	0	0，1		
24	加速备自投方式3和4	0	0，1		
25	合后位置接入	1	0，1		电源开关合后位置接入作为手跳放电判据

2. 分段保护定值

PCS-9651DA-D型分段保护定值见表2-17。

表2-17   PCS-9651DA-D型分段保护定值

序号	定值名称	整定值	整定范围	单位	备注
1	过流负序电压定值	4	2~70	V	按相整定
2	过流低电压定值	75	2~120	V	按线整定
3	过流Ⅰ段定值	99	（0.05~30）×I_n	A	
4	过流Ⅰ段时间	99	0~100	s	备用
5	过流Ⅱ段定值	99	（0.05~30）×I_n	A	
6	过流Ⅱ段时间	99	0~100	s	
7	零序过流定值	9.9	0.05~30	A	零序电流自产时，范围（0.05~30）×I_n
8	零序过流时间	99	0~100	s	
9	过流加速段定值	7.5	（0.05~30）×I_n	A	
10	过流加速段时间	0.1	0~100	s	断路器合闸后加速保护
11	零序过流加速段定值	3.75	0.05~30	A	
12	零序过流加速段时间	0.1	0~100	s	
13	过流Ⅰ段经复压闭锁	0	0,1		
14	过流Ⅰ段投入	0	0,1		
15	过流Ⅱ段经复压闭锁	0	0,1		
16	过流Ⅱ段投入	0	0,1		
17	零序过流投入	0	0,1		
18	过流加速段经复压闭锁	0	0,1		
19	过流加速段投入	1	0,1		断路器合闸后加速保护
20	零序过流加速段投入	1	0,1		

该备自投保护设有独立的合闸后加速保护，即过流加速段和零序过流加速段，该保护包括手合于故障加速跳闸以及备自投动作合闸于故障加速跳闸。

3．软压板

PCS-9651DA-D型软压板见表2-18。

表2-18   PCS-9651DA-D型软压板

序号	软压板	整定值	整定范围	备注
1	远方投退软压板	根据现场实际	0,1	远方控制软压板
2	远方切换定值区		0,1	

续表

序号	软压板	整定值	整定范围	备注
3	远方修改定值	根据现场实际	0,1	远方控制软压板
4	备自投软压板		0,1	
5	自投方式1软压板		0,1	
6	自投方式2软压板	由调度根据系统运行情况下达	0,1	方式1、2为进线备自投，方式3、4为分段备自投
7	自投方式3软压板		0,1	
8	自投方式4软压板		0,1	
9	过流Ⅰ段软压板	0	0,1	
10	过流Ⅱ段软压板	0	0,1	
11	零序过流软压板	0	0,1	
12	过流加速段软压板	1	0,1	断路器合闸后加速保护
13	零序过流加速段软压板	1	0,1	

备自投功能投入时，其1号线路开关、2号线路开关和母联开关的SV接收软压板均应投入，除备用软压板外，GOOSE接收和GOOSE发送软压板均应正确投入。

二、整定定值单相关要求

在整定定值单时，一般需注意以下方面：

（1）整定定值时需在装置处就地修改，在查看定值单时应从查询界面进入，只有在调度下令整定定值时方可进入修改定值界面。

（2）在整定定值前，应先将与本间隔相关的保护GOOSE接收软压板退出，投入本间隔保护装置检修硬压板后，方可进行定值整定；定值整定完成并打印核对无误后，应退出本间隔保护装置检修硬压板并投入与本间隔相关保护的GOOSE接收软压板，检查保护装置是否存在异常信号。

（3）通常情况下，定值单中不会下达SV及GOOSE软压板，在整定定值时还应检查SV及GOOSE软压板确已正确投入。

　　智能变电站将大量的保护功能及出口压板以软压板的形式集成在了保护装置内部，给运维人员日常操作带来了便利。但引入检修硬压板后，检修机制的差异又给运维人员的操作及安全措施的布置带来了极大风险，压板操作顺序错误极有可能造成保护拒动或误动，扩大事故范围。本章将从智能变电站线路、母线、主变压器间隔等不同类别的设备检修工作时的所使用的操作票、工作票填写入手，对软压板及检修硬压板的操作顺序进行介绍。

第一节　线路间隔"两票"解析

　　220kV线路间隔与110kV线路间隔存在接线方式、智能组件配置等多方面差异，本节将区分电压等级讲解线路间隔的工作票及操作票。

一、实例一

220kV××线263开关间隔接线图如图3-1所示。

（一）工作任务

220kV××线263开关及线路一、二次设备检修。

（二）操作任务

220kV××线263开关及线路由运行转检修。

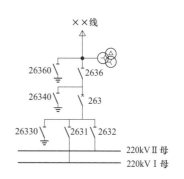

图3-1　220kV××线263开关间隔接线图

（三）停电操作前运行方式

220kV××线263开关间隔运行于220kVⅠ段母线。

（四）停电操作要点

线路间隔一次设备停役，一、二次设备均有检修工作时，宜按以下顺序进行相关软、硬压板的操作。

（1）退出相关母线保护装置中该间隔的SV接收软压板或间隔投入软压板。

（2）退出相关母线保护装置中该间隔的GOOSE接收软压板（如启动失灵等）。

（3）退出该间隔保护装置中跳闸、合闸、启失灵等GOOSE发送软压板。

（4）退出该间隔智能终端出口硬压板。

（5）投入该间隔保护装置、智能终端、合并单元检修硬压板。

（五）操作票

1.检查××线2636隔离开关线路侧带电显示装置确有电压指示

［第1项解析］本站线路间隔采用全封闭式组合电器，无法直接验电，需将带电显示装置的显示作为间接验电的判据时，为确保验电结果正确，断开带电显示装置安装位置的电源前，应单独列项检查带电显示装置确指示有电。直接验电操作不要求此步骤。

2.拉开××线263开关

3.检查××线263开关确在分闸位置

4.将××线263开关"远方/就地"切换开关从"远方"切至"就地"位置

5.拉开××线2636隔离开关

6.检查××线2636隔离开关确在分闸位置

7.检查××线2632隔离开关确在分闸位置

［第7项解析］根据《国网四川省电力公司变电倒闸操作票管理规定》规定，设备由运行转冷备用前，检查相关不操作的隔离开关确在分闸位置，如双母线接线的另一把母线隔离开关。故在拉开××线2631隔离开关前，应检查××线2632隔离开关位置，避免带负荷拉隔离开关。

8.拉开××线2631隔离开关

9.检查××线2631隔离开关确在分闸位置

10.检查××线2636隔离开关线路侧确已无电

11.合上××线26360接地隔离开关

12. 检查××线26360接地隔离开关确在合闸位置

13. 拉开××线263线路TV二次空气开关

14. 将××线263开关间隔隔离开关"远方/就地"切换开关从"远方"切至"就地"位置

15. 检查××线263开关至2631隔离开关之间确已无电

16. 合上××线26330接地隔离开关

17. 检查××线26330接地隔离开关确在合闸位置

18. 检查××线263开关至2636隔离开关之间确已无电

19. 合上××线26340接地隔离开关

20. 检查××线26340接地隔离开关确在合闸位置

21. 拉开××线263开关操作电源1

22. 拉开××线263开关操作电源2

[第1~22项解析]若一次无工作,保护装置C类检修,则仅执行"220kV××开关由Ⅰ母运行转冷备用"的操作,不再合接地隔离开关,而后执行后续两套保护、智能组件的压板操作项。

23. 退出220kV母差1号保护屏220kV母线保护1号保护线路263 SV及GOOSE接收软压板

24. 检查220kV母线1号保护屏220kV母线保护1号保护线路263 SV及GOOSE接收软压板变位正确

25. 退出220kV母线1号保护屏220kV母线保护1号保护263开关失灵接收软压板

26. 检查220kV母线1号保护屏220kV母线保护1号保护263开关失灵接收软压板变位正确

[第23~26项解析]《国调中心关于印发〈智能变电站继电保护和安全自动装置现场检修安全措施指导意见(试行)〉的通知》(调继〔2015〕92号文)(以下简称国家电网公司调继〔2015〕92号文)第二十二条规定。

一次设备停役时,若需退出继电保护系统,宜按以下顺序进行操作:

(1)退出相关运行保护装置中该间隔的SV接收软压板或间隔投入软压板。

(2)退出相关运行保护装置中该间隔的GOOSE接收软压板(如启动失灵等)。

(3)退出该间隔保护装置中跳闸、合闸、启失灵等GOOSE发送软压板。

(4)退出该间隔智能终端出口硬压板。

（5）投入该间隔保护装置、智能终端、合并单元检修硬压板。

本例一次设备停役，二次设备涉及检修工作，应酌情执行相应步骤。由图3-2可知，220kV 1号母线保护装置直采263间隔1号合并单元电流采样值，由于263间隔二次设备涉及检修工作，263间隔合并单元的检修硬压板应一并投入，而263间隔合并单元置检修状态后，该采样值将带检修标志，处于正常运行状态下的220kV 1号母线保护装置在接收带检修标志的SV采样值后被闭锁，失去保护功能，因此第23和24项退出了位于220kV 1号母线保护装置的263间隔SV及GOOSE接收软压板，阻断了SV采样值的传输通道。

263间隔1号保护装置与220kV 1号母线保护装置间之间通过组网传递263间隔失灵开入信号（GOOSE信号）。考虑到检修人员工作过程中可能由于人为或设备因素触发该信号启动220kV失灵保护，因而需退出220kV 1号母线保护装置的263开关失灵GOOSE接收软压板，即执行第25和26项，以阻断GOOSE采样值的传输通道。

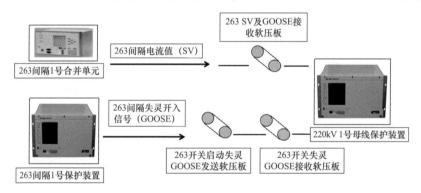

图3-2　间隔保护、合并单元与母线保护信息传递示意图

27．检查220kV母线1号保护屏220kV母线1号保护263母线1强制隔离开关位置确为"0"

28．检查220kV母线1号保护屏220kV母线1号保护263母线2强制隔离开关位置确为"0"

29．投入220kV母线1号保护屏220kV母线1号保护263开关隔离开关位置强制使能软压板

30．检查220kV母线1号保护屏220kV母线1号保护263开关隔离开关位置强制使能软压板变位正确

［第27～30项解析］220kV母线保护中各间隔一般设有隔离开关位置强制使能

压板与强制隔离开关位置压板，如图3-3所示。当263隔离开关位置强制使能为"1"时，该支路的隔离开关位置由母线保护装置中263-Ⅰ母强制隔离开关位置及263-Ⅱ母强制隔离开关位置确定；当263隔离开关位置强制使能为"0"时，隔离开关位置由外部263间隔智能终端的GOOSE开入确定。为避免智能终端检修工作过程中，由于人为或设备原因，导致隔离开关位置发生变化，其隔离开关开入GOOSE信号对运行中的母差保护造成影响，在检修期间，宜通过隔离开关位置软压板指定相应的隔离开关位置状态，保证母差保护在此期间的正常运行。

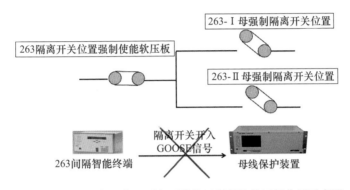

图3-3 母线保护装置隔离开关位置强制使能压板作用示意图

31．退出××线263开关保护屏××线1号保护263开关启动失灵出口软压板

32．检查××线263开关保护屏××线1号保护263开关启动失灵出口软压板变位正确

［31、32项解析］国家电网公司调继〔2015〕92号文第十三条明确规定，智能变电站虚回路安全隔离应至少采取双重安全措施，如退出相关运行装置中对应的接收软压板时，应对应退出检修装置的发送软压板。

本例线路1号保护装置有检修工作，需对在运的1号母线保护与线路1号保护间的启失灵虚回路进行双重隔离。第25和26项已将1号母线保护装置内263开关间隔的失灵接收软压板已退出，第31和32项又相继退出了263开关间隔的启动失灵出口软压板，实现了失灵启动虚回路的双重安全措施，确保检修装置与运行装置的可靠隔离。

33．投入××线263开关保护屏××线1号保护投检修2KLP1硬压板

34．检查××线263开关保护屏××线1号保护投检修2KLP1硬压板开入量正常

［第33、34项解析］完成在运设备的保护装置可靠隔离后，待检修设备的保护装置即可进行置检修操作，此时该保护装置将被闭锁。

35. （××线263开关××线263开关2套保护操作与1套一致）

［第35项解析］由于220kV线路间隔保护装置、合并单元、智能终端均采用双重化配置，在该间隔双套智能装置均有工作需求时，第二套智能装置的操作与第一套完全一致，此处省略相关步骤。

36. （分别投入220kV××线263开关第一、二套智能终端、合并单元检修硬压板）

［第36项解析］对合并单元、智能终端投入检修硬压板后，应查看装置指示灯、人机界面变位报文或开入变位等信号。投入智能终端、合并单元置检修硬压板后，其检修状态与263线路间隔保护装置检修状态一致，同时，因联动调试需要，在一次设备已停役的情况下，智能终端出口硬压板未退出，保护装置可正常动作并出口，便于工作班组对二次设备进行联动调试。

（六）工作票

变电站（发电厂）第一种工作票

单位　国网××供电公司变电检修工区　　　　编号　220kV××变电站2016041001

1. 工作负责人（监护人）赵×　　　　　　　班组　变电检修一班，变电二次运检一班，电气试验二班

2. 工作班成员（不包括工作负责人）

张×、李×、王×等

_____

_____

_____共 15 人

3. 工作的变配电站名称及设备双重名称

220kV××变电站_____

4. 工作任务

工作地点及设备双重名称	工作内容
220kV GIS室：263开关、2636隔离开关、263线路TV、263开关TA	预试
主控室：监控后台机、线路故障录波屏（一）、线路故障录波屏（二）、网络分析屏	保护年检
220kV GIS室：220kV××线263开关保护屏：220kV××线263开关1、2号保护装置	保护年检
220kV GIS室：220kV××线263开关汇控柜：220kV××线263开关1、2号智能终端、220kV××线263开关1、2号合并单元	保护年检

5. 计划工作时间

自 2016 年 04 月 17 日 08 时 30 分

至 2016 年 04 月 17 日 17 时 30 分

6．安全措施（必要时可附页绘图说明）

应拉断路器（开关）、隔离开关（刀闸）	已执行
（1）拉开263开关及操作电源，并将其"远方/就地"切换开关切至"就地"位置	
（2）拉开2631、2632、2636隔离开关及操作电源，并将其"远方/就地"切换开关切至"就地"位置	
（3）拉开263线路TV二次空气开关	
应装接地线、应合接地隔离开关（注明确实地点、名称及接地线编号*）	**已执行**
（1）合上26360、26330、26340接地隔离开关	
应设遮栏、应挂标示牌及防止二次回路误碰等措施	**已执行**
（1）在263开关、2636隔离开关操作把手上、263线路TV二次空气开关上挂"禁止合闸，线路有人工作！"，在2631、2632隔离开关操作把手上挂"禁止合闸，有人工作！"	
（2）用围栏将263开关、2636隔离开关、263线路TV、263开关TA、220kV××线263开关保护屏、220kV××线263开关汇控柜与带电设备隔离，并面向停电设备挂"止步，高压危险！"，在围栏入口处挂"在此工作！""从此进出！"	
（3）在监控后台机处，线路故障录波屏（一）、线路故障录波屏（二）、网络分析屏前后挂"在此工作！"，在相邻的主变压器故障录波屏（一）前后，相对的同步时钟屏后，相背的直流馈线屏（一）前挂"运行设备"	
（4）在2631、2632隔离开关机构箱上挂"运行设备"	
（5）退出220kV 1、2号母线保护装置××线263开关SV及GOOSE接收软压板	
（6）退出220kV 1、2号母线保护装置××线263开关失灵接收软压板	
（7）退出263开关1、2线路保护装置××线263开关启动失灵出口送软压板	
（8）投入220kV 1、2号母线保护装置××线263开关母线隔离开关强制使能软压板	
（9）投入263开关1、2号保护装置、智能终端、合并单元置检修硬压板	

*已执行栏目及接地线编号由工作许可人填写。

工作地点保留带电部分或注意事项（由工作票签发人填写）	补充工作地点保留带电部分和安全措施（由工作许可人填写）
1．进入GIS室前应通风15min	
2．2631隔离开关靠220kVⅠ母侧、2632隔离开关靠220kVⅡ母侧带电，工作中禁止操作该隔离开关	

工作票签发人签名 姜×　　签发日期 2016 年 04 月 16 日 11 时 30 分

7．收到工作票时间

_____ 年 _____ 月 _____ 日 _____ 时 _____ 分

运行值班人员签名 _____　　工作负责人签名 _____

8．工作许可（确认本工作票1～7项）

工作负责人签名 _____　　工作许可人签名 _____

许可开始工作时间 _____ 年 _____ 月 _____ 日 _____ 时 _____ 分

9. 确认工作负责人布置的任务和本施工项目安全措施

工作班组人员签名

_____

_____

_____

_____

_____

10. 工作负责人变动情况

原工作负责人_____离去，变更_____为工作负责人。

工作票签发人_____ _____年_____月_____日_____时_____分

工作许可人_____

11. 工作人员变动情况（变动人员姓名、日期及时间）

增添人员姓名	日	时	分	工作负责人签名	离去人员签名	日	时	分	工作负责人签名

工作负责人签名 _____

12. 工作票延期

有效期延长到_____年_____月_____日_____时_____分

工作负责人签名_____ _____年_____月_____日_____时_____分

工作许可人签名_____ _____年_____月_____日_____时_____分

13. 每日开工和收工时间（使用一天的工作票不必填写）

收工时间				工作负责人	工作许可人	开工时间				工作许可人	工作负责人
月	日	时	分			月	日	时	分		

14. 工作终结

全部工作于_____年___月___日___时___分结束，设备及安全措施已恢复至开工前状态，工作人员已全部撤离，材料工具已清理完毕，工作已终结。

工作负责人签名_____　　　　工作许可人签名_____

15. 工作票终结

临时遮栏、标示牌已拆除，常设遮栏已恢复。未拆除或未拉开的接地线编号_____
_____等共_____组、接地隔离开关（小车）共___组（副、台）、
绝缘隔板编号_____共___块，已汇报调度运维人员。

工作许可人签名_____　____年_____月_____日_____时_____分

16. 备注

（1）指定专责监护人_____负责监护_____（地点及具体工作）。

　　指定专责监护人_____负责监护_____（地点及具体工作）。

　　指定专责监护人_____负责监护_____（地点及具体工作）。

（2）其他事项。

_____

_____

_____

（七）送电操作要点

国家电网公司调继〔2015〕92号文第二十三条明确规定，一次设备复役时，继电保护系统投入运行，宜按以下顺序进行操作。

（1）退出该间隔合并单元、保护装置、智能终端检修硬压板。

（2）投入该间隔智能终端出口硬压板。

（3）投入该间隔保护装置跳闸、重合闸、启失灵等GOOSE发送软压板。

（4）投入相关运行保护装置中该间隔的GOOSE接收软压板（如失灵启动、间隔投入等）。

（5）投入相关运行保护装置中该间隔SV接收软压板。

本例操作票依据工作班组需要，部分软、硬压板并未退出，剩余压板在送电时可参照上述步骤依次执行。在操作保护装置内部软压板之前，运维人员应根据装置信号灯、后台监控机报文等信息检查装置无异常信号。

二、实例二

220kV××线263开关间隔接线图如图3-4所示。

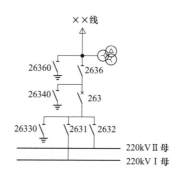

图3-4　220kV××线263开关间隔接线图

（一）工作任务

220kV××线263开关1号线路保护故障处理。

（二）操作任务

退出220kV××线263开关1号线路保护。

（三）停电操作前运行方式

220kV××线263开关间隔运行于220kVⅠ段母线。

（四）停电操作要点

（1）220kV变电站220kV线路间隔采用双重化保护配置，当检修人员仅对其中一套保护装置进行工作时，一次设备可不停役。

（2）国家电网公司调继〔2015〕92号文规定，在一次设备不停电情况下，220kV线路间隔保护装置缺陷处理时安全措施为：

1）退出220kV对应母线保护该间隔GOOSE启失灵接收软压板。

2）退出该间隔待检修线路保护GOOSE出口软压板、启失灵发送软压板，并投入线路保护检修硬压板。

3）根据缺陷性质确认是否需将该线路保护TA短接并断开、TV回路断开。

4）如有需要可断开线路保护至对侧纵联光纤及线路保护背板光纤。

（3）与实例一情况不同，本操作未涉及退出1号母线保护263间隔SV接收压板操作以及智能终端置检修操作，主要原因有以下两个方面：

1）一次设备并未停役，退出母线保护该间隔SV接受压板后，263间隔电流值将不纳入220kV 1号母线保护差流计算中，但由于一次设备处于运行状态，电流值实际存在，因此可能造成母线保护差流越限甚至保护误动。故切勿在操作中仅退出母线保护263间隔SV接收压板，应将220kV 1号母线保护退出。

2）263间隔1号智能终端除接收线路保护、母线保护跳闸命令外，还接收来自测控装置的指令，因此本例处理线路保护装置故障时不能将智能终端置检修，防止一次设备无法按正确指令动作出口。

（五）操作票

1. 退出220kV母线1号保护屏220kV母线保护1号保护263开关失灵接收软压板

2. 检查220kV母线1号保护屏220kV母线保护1号保护263开关失灵接收软压板变位正确

［第1、2项解析］第1和2项操作思路与实例一相同，首要考虑停役设备对运行设备的影响，因此在退出263线路1号保护之前，需要断开线路保护与220kV 1号母线保护的启动失灵虚回路，于是退出运行的220kV 1号母线保护263开关失灵接收软压板，防止母线保护接收带检修标志的263线路1号保护的启失灵GOOSE信号。

3. 退出××线263开关保护屏××线1号保护263开关直跳出口软压板

4. 检查××线263开关保护屏××线1号保护263开关直跳出口软压板变位正确

5. 退出××开关保护屏××线1号保护263开关三相不一致直跳出口软压板

6. 检查××开关保护屏××线1号保护263开关三相不一致直跳出口软压板变位正确

7. 退出××开关保护屏××线1号保护263开关沟通三跳软压板

8. 检查××开关保护屏××线1号保护263开关沟通三跳软压板变位正确

9. 检查××开关保护屏××线1号保护263开关重合闸出口软压板确在退出位置

10. 退出××开关保护屏××线1号保护263开关启动失灵出口软压板

11. 检查××开关保护屏××线1号保护263开关启动失灵出口软压板变位正确

12. 退出××开关保护屏××线1号保护纵联差动保护软压板

13. 检查××开关保护屏××线1号保护纵联差动保护软压板变位正确

[第3～13项解析] 智能变电站与常规变电站在退出保护时的出口及功能压板操作顺序一致，均应先退出该套保护装置的出口压板，再退出保护装置的功能压板，区别在于智能变电保护出口及功能压板均以软压板的形式存在，如图3-5所示。运维人员在进行智能变电站软压板投退后需要重新进入界面再次检查压板开入量变位正确。

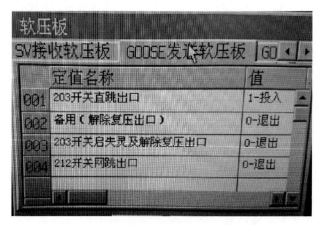

图3-5 智能变电站保护装置软压板示意图

14. 投入××开关保护屏××线1号保护检修硬压板

15. 检查××开关保护屏××线1号保护检修硬压板开入量正常

（六）工作票

变电站第二种工作票

单位　国网××公司变电检修工区　　　　　编号　220kV××变电站2016042001

1．工作负责人（监护人）张×　　　　　　班组　变电二次运检一班

2．工作班成员（不包括工作负责人）

李×、王×、赵×

_____

_____

　　　　　　　　　　　　　　　　　　　　　　　共　3　人

3．工作的变配电站名称及设备双重名称

220kV××变电站

4．工作任务

工作地点或地段	工作内容
220kV GIS室：220kV××263开关保护屏：220kV××线263开关1号保护装置	故障处理

5．计划工作时间

自　2016　年　04　月　13　日　08　时　30　分

自　2016　年　04　月　13　日　17　时　30　分

6．工作条件（停电或不停电，或邻近及保留带电设备名称）

不停电

_____

7．注意事项（安全措施）

1．工作中加强监护，不得触碰运行设备
2．进入GIS室工作前必须先通风15min
3．退出220kV母线1号保护263开关失灵接收软压板
4．在220kV××线263开关保护屏前、后挂"在此工作!"，在相邻的备用线261开关保护屏前、后、相对的1号主变压器保护屏（一）后挂"运行设备"
5．在220kV××线263开关保护屏2号保护装置处挂"运行设备"

6．退出263开关1号线路保护装置所有出口软压板
7．退出263开关1号线路保护装置纵联差动软保护
8．投入263开关1号线路保护装置置检修硬压板
9．工作完毕清理工作现场

工作票签发人签名＿姜×＿ 签发日期＿2016＿年＿04＿月＿12＿日＿11＿时＿30＿分

8．补充安全措施（工作许可人填写）

_____

_____

_____

_____

_____

9．确认本工作票1～8项

许可开始工作时间＿＿＿＿年＿＿＿＿月＿＿＿＿日＿＿＿＿时＿＿＿＿分

　工作负责人签名＿＿＿＿＿＿＿＿＿＿＿＿＿＿＿ 工作许可人签名＿＿＿＿＿＿＿＿＿＿＿＿＿＿

10．确认工作负责人布置的任务和安全措施

　工作班组人员签名：

_____

_____

_____

_____

_____

11．工作票延期

有效期延长到＿＿＿＿年＿＿＿＿月＿＿＿＿日＿＿＿＿时＿＿＿＿分

　工作负责人签名＿＿＿＿ ＿＿＿年＿＿＿月＿＿＿日＿＿＿时＿＿＿分

　工作许可人签名＿＿＿＿ ＿＿＿年＿＿＿月＿＿＿日＿＿＿时＿＿＿分

12．工作票终结

全部工作于＿＿＿＿年＿＿月＿＿日＿＿时＿＿分结束，工作人员已全部撤离，材料工具已清理完毕。

　工作负责人签名＿＿＿＿ ＿＿＿年＿＿月＿＿日＿＿时＿＿分

　工作许可人签名＿＿＿＿ ＿＿＿年＿＿月＿＿日＿＿时＿＿分

13. 备注

_____

_____

_____

_____

_____

_____

_____

_____

_____

（七）送电操作要点

本例一次设备不停役，仅处理线路保护故障，投入线路保护时，应先退出保护装置置检修硬压板，再依次投入保护装置功能软压板及出口软压板，投压板前均需检查装置无异常。切勿率先投入线路保护装置出口软压板，以免装置具备出口条件误跳运行开关。

三、实例三

220kV××线263开关间隔接线图如图3-6所示。

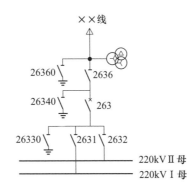

图3-6　220kV××线263开关间隔接线图

（一）工作任务

220kV××线263间隔1号智能终端故障处理。

（二）操作任务

退出220kV××线263开关1号线路保护。

（三）停电操作前运行方式

220kV××线263开关间隔运行于220kVⅠ段母线。

（四）停电操作要点

（1）根据国家电网公司调继〔2015〕92号文第十八条规定，双重化配置的智能终端单套校验、消缺时，可不停役相关一次设备，但应退出该智能终端出口压板，退出重合闸功能，同时根据需要退出受影响的相关保护装置。本例处理220kV××263线1号智能终端故障，263间隔1号保护装置动作后无法通过1号智能终端出口跳闸，因此263间隔1号保护可作为1号智能终端陪停设备退出运行。

（2）配合智能终端检修退线路保护前，为避免线路保护向运行中的母线保护发送启动失灵信号，应首先退出母线保护中263开关失灵接收软压板。

（3）根据国家电网公司调继〔2015〕92号文的规定，一次设备不停役时，220kV线路间隔第一套智能终端缺陷处理时，如有需要可投入220kV第一套母线保护中该间隔的隔离开关位置强制软压板，本例一次设备无需停电，可根据检修班组工作需要，将母线保护中该间隔隔离开关使能压板强制置位。

（五）操作票

1. 退出220kV母线1号保护屏220kV母线保护1号保护263开关失灵接收软压板

2. 检查220kV母线1号保护屏220kV母线保护1号保护263开关失灵接收软压板变位正确

〔第1、2项解析〕停役的263间隔1号保护启失灵开入信号会对运行中的220kV1号母线保护产生影响，母线保护需退出263开关失灵接收软压板。

3. 将220kV母线1号保护屏220kV母线1号保护263母线1强制隔离开关位置置为"1"

4. 检查220kV母线1号保护屏220kV母线1号保护263母线1强制隔离开关位置确为"1"

5. 检查220kV母线1号保护屏220kV母线1号保护263母线2强制隔离开关位置确为"0"

6. 投入220kV母线1号保护屏220kV母线1号保护263开关隔离开关位置强制使能软压板

7. 检查220kV母线1号保护屏220kV母线1号保护263开关隔离开关位置强制使能软压板变位正确

［第3～7项解析］与实例一不同，本例中一次设备仍处于运行状态，智能终端有检修工作时应根据当前间隔运行方式，通过220kV 1号母线保护中263间隔隔离开关位置强制使能软压板及隔离开关位置软压板的操作对263强制隔离开关位置进行相应置位。

8. 退出××线263开关保护屏××线1号保护263开关直跳出口软压板

9. 检查××线263开关保护屏××线1号保护263开关直跳出口软压板变位正确

10. 退出××线263开关保护屏××线1号保护263开关三相不一致直跳出口软压板

11. 检查××线263开关保护屏××线1号保护263开关三相不一致直跳出口软压板变位正确

12. 退出××线263开关保护屏××线1号保护263开关三跳软压板

13. 检查××线263开关保护屏××线1号保护263开关三跳软压板变位正确

14. 检查××线263开关保护屏××线1号保护263开关重合闸出口软压板确在退出位置

15. 退出××线263开关保护屏××线1号保护263开关启动失灵出口软压板

16. 检查××线263开关保护屏××线1号保护263开关启动失灵出口软压板变位正确

17. 退出××线263开关保护屏××线1号保护纵联差动保护软压板

18. 检查××线263开关保护屏××线1号保护纵联差动保护软压板变位正确

19. 投入××线263开关保护屏××线1号保护投检修2KLP1硬压板

20. 检查××线263开关保护屏××线1号保护投检修2KLP1硬压板开入量正常

［第8～20项解析］263间隔1号保护作为陪停设备，应先退出保护装置内各出口压板（包括开关直跳出口、启动失灵出口及重合闸出口软压板等），再退出保护装置功能压板，其操作步骤与常规变电站一致。操作完毕后应立即将保护装置置检修，防止运维人员人员最后批量置检修时漏投保护装置检修硬压板

21. 退出××线263开关智能终端柜263开关1号保护跳A出口1LP1硬压板

22．退出××线263开关智能终端柜263开关1号保护跳B出口1LP2硬压板

23．退出××线263开关智能终端柜263开关1号保护跳C出口1LP3硬压板

24．退出××线263开关智能终端柜263开关1号保护重合闸出口1LP4硬压板

25．退出××线263开关智能终端柜263开关遥控出口1LP5硬压板

［第21~25项解析］在一次设备未停役的情况下，智能终端检修宜退出出口硬压板，避免工作期间误操作一次设备分合闸。

26．投入××线263开关智能终端柜××线263开关1号智能终端置检修1LP14硬压板

27．检查××线263开关智能终端柜××线263开关1号智能终端置检修1LP14硬压板开入量正常

（六）工作票

变电站第二种工作票

单位　国网××公司变电检修工区　　　　　编号　220kV××变电站2016042002

1．工作负责人（监护人）张×　　　　　　班组　变电二次运检一班

2．工作班成员（不包括工作负责人）

李×、王×、赵×

_____

_____

_____ 共 3 人

3．工作的变配电站名称及设备双重名称

220kV××变电站

4．工作任务

工作地点或地段	工作内容
220kV GIS室：220kV××线263开关汇控柜：220kV××线1号智能终端	故障处理

5．计划工作时间

自　2016　年　04　月　13　日　08　时　30　分

自　2016　年　04　月　13　日　17　时　30　分

6. 工作条件（停电或不停电，或邻近及保留带电设备名称）

不停电

7. 注意事项（安全措施）

1. 工作中加强监护，不得触碰运行设备
2. 进入GIS室工作前必须先通风15min
3. 退出220kV母线1号保护装置263开关间隔开关失灵接收软压板
4. 投入220kV母线1号保护装置263开关间隔隔离开关强制使能软压板
5. 退出263开关1号线路保护装置所有出口发送软压板
6. 退出263开关1号线路保护装置纵联差动保护软压板
7. 投入263开关1号线路保护装置置检修硬压板
8. 投入263开关1号智能终端检修硬压板
9. 退出263开关1号智能终端开关出口硬压板
10. 在220kV××线263开关汇控柜前、后挂"在此工作!"，在220kV××线263开关汇控柜263开关2号智能终端、1、2号合并单元处挂"运行设备"
11. 工作完毕清理工作现场

工作票签发人签名 <u>姜×</u> 签发日期 <u>2016</u> 年 <u>04</u> 月 <u>12</u> 日 <u>11</u> 时 <u>30</u> 分

8. 补充安全措施（工作许可人填写）

_____

_____

_____

_____

9. 确认本工作票1～8项

许可开始工作时间_____年_____月_____日_____时_____分

工作负责人签名_____ 工作许可人签名_____

10. 确认工作负责人布置的任务和安全措施

工作班组人员签名：

_____

_____

_____

_____

11. 工作票延期

有效期延长到_____年_____月_____日_____时_____分

工作负责人签名_____ _____年_____月_____日_____时_____分

工作许可人签名_____ _____年_____月_____日_____时_____分

12. 工作票终结

全部工作于_____年___月___日___时_____分结束，工作人员已全部撤离，材料工具已清理完毕。

工作负责人签名_____ _____年_____月_____日_____时_____分

工作许可人签名_____ _____年_____月_____日_____时_____分

13. 备注

_____

_____

_____

_____

_____

_____

_____

（七）送电操作要点

运维人员在依次投入智能终端出口硬压板时应与常规变电站投入出口硬压板流程一致，需验明压板对地及两端确无异常电压后方可投入。

四、实例四

220kV××线263开关间隔接线图如图3-7所示。

（一）工作任务

220kV××线263开关间隔1号合并单元故障处理。

（二）操作任务

退出220kV 1号母差保护和220kV××线263开关1号线路保护。

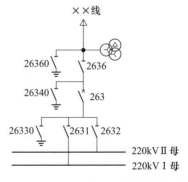

图3-7　220kV××线263开关间隔接线图

（三）停电操作前运行方式

220kV××线263开关间隔运行于220kVⅠ段母线。

（四）停电操作要点

（1）根据国家电网公司调继〔2015〕92号文规定，一次设备不停电情况下，220kV线路间隔装置合并单元缺陷缺陷处理时需申请退役相关受影响的保护，必要时申请退役一次设备。220kV线路间隔合并单元双重化配置，当仅一套合并单元置检修时，一次设备无需停役。

（2）线路间隔合并单元置检修时，对应的线路保护接收带检修标志的SV报文，无法纳入保护逻辑，因此宜将对应线路保护作为陪停设备。

（3）线路间隔合并单元与母线保护装置间还存在图3-8所示的SV报文传递，线路间隔合并单元检修时还应特别注意对母线保护装置的影响。263间隔1号合并单元置检修时，若不退出1号母线保护中该间隔SV接收压板，母差保护会因接收263间隔带检修标识的SV信息而闭锁；但此时若将母线保护上的间隔SV接收压板退出，又会导致母差产生差流，有可能造成母差保护误动作。因此线路间隔合并单元检修时，应同时将对应母线保护作为陪停设备。

图3-8 263间隔合并单元与母线保护装置间SV信息传递示意图

（五）操作票

1.（退出220kV母线1号保护屏220kV母线1号保护各类出口软压板并检查软压板变位正确）

2. 退出220kV母线1号保护屏220kV母线1号保护差动保护软压板

3. 检查220kV母线1号保护屏220kV母线1号保护差动保护软压板变位正确

4. 退出220kV母线1号保护屏220kV母线1号保护失灵保护软压板

5. 检查220kV母线1号保护屏220kV母线1号保护失灵保护软压板变位正确

［第1～5项解析］220kV母线1号保护作为陪停设备，需要退出母线1号保护跳闸出口软压板，包括各间隔开关直跳出口软压板、主变压器失灵联跳出口软压板、开

关远跳/闭重出口软压板等，同时还需要退出母差保护功能软压板。智能变电站退出母线保护步骤原理与常规变电站一致，均为先退出口压板，再退功能压板。

6.（退出××线263开关保护屏××线1号保护263开关各类出口软压板并检查软压板变位正确）

7. 退出××线263开关保护屏××线1号保护纵联差动保护软压板

8. 检查××线263开关保护屏××线1号保护纵联差动保护软压板变位正确

［第6~8项解析］1号线路保护陪停操作项，应将出口压板及功能压板退出，防止保护动作出口至运行中的智能终端。

9. 投入××线263开关保护屏××线1号保护投检修2KLP1硬压板

10. 检查××线263开关保护屏××线1号保护投检修2KLP1硬压板开入量正常

11. 投入××线263开关智能终端柜××线263开关1号合并单元检修1LP12硬压板

12. 检查××线263开关智能终端柜××线263开关1号合并单元检修1LP12硬压板开入量正常

（六）工作票

变电站第二种工作票

单位　国网××公司变电检修工区　　　　　　编号　220kV××变电站2016042003

1. 工作负责人（监护人）张×　　　　　　　班组　变电二次运检一班

2. 工作班成员（不包括工作负责人）

李×、王×、赵×

_____

_____ 共 3 人

3. 工作的变配电站名称及设备双重名称

220kV××变电站

4. 工作任务

工作地点或地段	工作内容
220kV GIS室：220kV××线263开关汇控柜：220kV××线1号合并单元	故障处理

5. 计划工作时间

自 __2016__ 年 __04__ 月 __13__ 日 __08__ 时 __30__ 分

自 __2016__ 年 __04__ 月 __13__ 日 __17__ 时 __30__ 分

6. 工作条件（停电或不停电，或邻近及保留带电设备名称）

不停电

7. 注意事项（安全措施）

1. 工作中加强监护，不得触碰运行设备
2. 进入GIS室工作前必须先通风15min
3. 退出220kV母线1号保护装置所有出口软压板
4. 退出220kV母线1号保护装置差动和失灵功能软压板
5. 退出263开关1号线路保护装置所有出口软压板
6. 退出263开关1号线路保护装置纵联差动保护功能软压板
7. 投入263开关1号线路保护装置置检修硬压板
8. 投入263开关1号合并单元检修硬压板
9. 在220kV××线263开关汇控柜前、后挂"在此工作！"，在220kV××线263开关汇控柜2号合并单元和1、2号智能终端上挂"运行设备"
10. 工作完毕清理工作现场

工作票签发人签名 __姜×__ 签发日期 __2016__ 年 __04__ 月 __12__ 日 __11__ 时 __30__ 分

8. 补充安全措施（工作许可人填写）

9. 确认本工作票1～8项

许可开始工作时间_____年_____月_____日_____时_____分

工作负责人签名_____ 工作许可人签名_____

10. 确认工作负责人布置的任务和安全措施

工作班组人员签名：

_____

_____

11．工作票延期

有效期延长到_____年_____月_____日_____时_____分

工作负责人签名_____ _____年_____月_____日_____时_____分

工作许可人签名_____ _____年_____月_____日_____时_____分

12．工作票终结

全部工作于_____年___月___日___时___分结束，工作人员已全部撤离，材料工具已清理完毕。

工作负责人签名_____ _____年_____月_____日_____时_____分

工作许可人签名_____ _____年_____月_____日_____时_____分

13．备注

_____

_____

_____

_____

_____

_____

（七）送电操作要点

恢复送电时，线路间隔与母线间隔保护均应先投入保护功能软压板，检查保护装置无异常后再依次投入各出口软压板，操作过程中投退压板数量较多，运维人员应严格对照停电操作票及压板投退记录簿恢复停电前压板摆放位置。

五、实例五

220kV××线263开关间隔接线图如图3-9所示。

（一）工作任务

220kV××线263开关1号保护纵联差动保护带负荷测试。

（二）操作任务

退出220kV××线263开关1号纵联差动保护。

（三）停电操作前运行方式

220kV××线263开关间隔运行于220kVⅠ段母线。

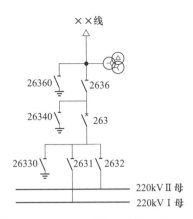

图3-9 220kV××线263开关间隔接线图

（四）停电操作要点

线路保护除纵联差动保护外，还包括距离保护、零序保护等，因此停用/启用线路纵联保护仅退出/投入保护装置上的纵联保护功能压板，不操作出口压板，其他保护功能仍可正常动作。智能变电站线路纵联差动保护功能压板以软压板形式存在于保护装置内部，具体形式如图3-10所示。

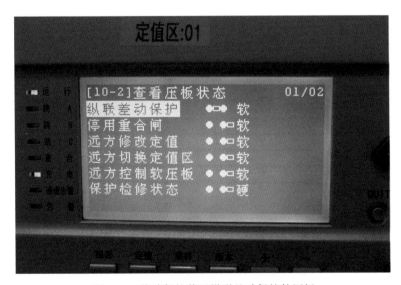

图3-10 线路保护装置纵联差动保护软压板

（五）操作票

1. 退出220kV××线1号保护屏××线1号保护装置投纵联差动软压板
2. 检查220kV××线1号保护屏××线1号保护装置投纵联差动软压板变位正确

（六）工作票

变电站第二种工作票

单位　国网××公司变电检修工区　　　　　　编号　220kV××变电站2016042004

1. 工作负责人（监护人）张×　　　　　　　班组　变电二次运检一班

2. 工作班成员（不包括工作负责人）

李×、王×、赵×

_____

_____ 共　3　人

3. 工作的变配电站名称及设备双重名称

220kV××变电站

4. 工作任务

工作地点或地段	工作内容
220kV GIS室：220kV××线263开关保护屏：220kV××线1号保护	带负荷测试
220kV GIS室：220kV母线保护屏：220kV母线1号保护	带负荷测试

5. 计划工作时间

自　2016　年　04　月　13　日　08　时　30　分

自　2016　年　04　月　13　日　17　时　30　分

6. 工作条件（停电或不停电，或邻近及保留带电设备名称）

不停电

_____

7. 注意事项（安全措施）

1. 工作中加强监护，不得触碰运行设备
2. 进入GIS室工作前必须先通风15min
3. 退出263开关1号线路保护装置纵联差动保护软压板
4. 退出220kV母线1号保护装置差动保护软压板

表（续）

5. 在220kV××线263开关保护屏、220kV母线保护屏前挂"在此工作!"，在相邻的220kV交换机屏前后挂"运行设备"，在相对的视屏安防监控屏、电能质量在线监测及状态监测屏（一）后，在相背的110kV母差保护屏、线路故障录波屏（一）前挂"运行设备"
6. 工作完毕清理工作现场

工作票签发人签名 姜× 签发日期 2016 年 04 月 12 日 11 时 30 分

8. 补充安全措施（工作许可人填写）

_____

_____

_____

_____

9. 确认本工作票1~8项

许可开始工作时间_____年_____月_____日_____时_____分

工作负责人签名_____ 工作许可人签名_____

10. 确认工作负责人布置的任务和安全措施

工作班组人员签名：

_____

_____

_____

_____

_____

11. 工作票延期

有效期延长到_____年_____月_____日_____时_____分

工作负责人签名_____ _____年_____月_____日_____时_____分

工作许可人签名_____ _____年_____月_____日_____时_____分

12. 工作票终结

全部工作于_____年_____月_____日_____时_____分结束，工作人员已全部撤离，材料工具已清理完毕。

工作负责人签名_____ _____年_____月_____日_____时_____分

工作许可人签名_____ _____年_____月_____日_____时_____分

13. 备注

_____

_____

_____

_____

_____

（七）送电操作要点

保护装置内同时设有纵联差动保护控制字，运维人员在检查纵联保护投入情况时，应检查功能软压板、控制字是否均在投入位置。

六、实例六

110kV××智能变电站110kV侧部分接线图如图3-11所示。

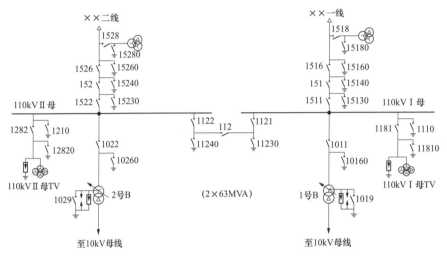

图3-11　110kV××智能变电站110kV侧部分接线图

（一）工作任务

110kV××一线151开关及线路一、二次设备检修工作。

（二）操作任务

110kV××一线151开关及线路由运行转检修。

（三）停电操作前运行方式

本例110kV变电站为内桥接线，110kV××二线152开关热备用，110kV××一线151开关运行，110kV内桥112开关运行。

（四）停电操作要点

110kV变电站线路智能装置采用单套配置原则，智能终端、合并单元或保护装置三者之一出现故障均会使一次设备失去保护，因此处理110kV智能变电站智能装置故障必须将一次设备停役后再进行二次安全措施布置。

本例智能变电站为内桥接线，进行110kV线路转检修操作时，一次部分需进行转线操作，改由152线路带1、2号主变压器，操作流程与常规GIS站无异。

本例智能变电站为内桥接线，110kV 151开关合并单元电流采样纳入1号主变压器差流计算，为避免151间隔合并单元置检修后，1号主变压器保护收到该合并单元发送带检修报文的信息，将运行中的1号主变压器保护闭锁，需在151线路一次设备停役后，将1号主变压器保护中151开关SV接收压板退出。

（五）操作票

1. 检查110kV母联112开关保护测控屏110kV备用电源自投装置无异常信号

2. 投入110kV内桥保护测控及备自投屏110kV备用电源自投装置总闭锁投退硬压板

3. 检查110kV内桥保护测控及备自投屏110kV备用电源自投装置总闭锁投退硬压板开入量正常

4. 检查110kV内桥保护测控及备自投屏110kV备用电源自投装置备自投功能已放电

[第4项解析] 备自投放电可通过备自投装置充电灯不亮及装置屏内电池充电状态为"空"判断，不同厂家表达方式略有不同，运维人员应仔细检查。

5.（根据调度指令，执行"××一线151开关及线路由运行转检修，××二线152开关及线路由热备用转运行"操作）

6. 退出1号主变压器保护屏1号主变压器差动保护装置××线151开关电流SV接收软压板

7. 检查1号主变压器保护屏1号主变压器差动保护装置××线151开关电流SV接收软压板变位正确

[第6~7项解析] 151间隔合并单元与线路保护、主变压器保护间SV信息传递如图3-12所示。为避免151间隔合并单元置检修后闭锁在运的1号主变压器保护，需在151间隔一次设备停役后将1号主变压器保护中151开关SV接收压板退出。

8. 投入110kV线路保护测控屏××线151开关保护装置检修投退

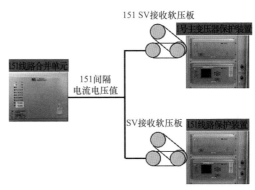

图3-12 线路间隔合并单元与线路保护、主变压器保护间SV信息传递示意图

2-1kLP4硬压板

9. 检查110kV线路保护测控屏××线151开关保护装置检修投退2-1kLP4硬压板开入量正常

10. 投入110kV××线151开关智能汇控柜××线151开关智能终端检修4KLP

11. 检查110kV××线151开关智能汇控柜××线151开关智能终端检修4KLP开入量正常

12. 投入110kV××线151开关智能汇控柜××线151开关保护及1号主变压器差动合并单元检修13KLP硬压板

13. 检查110kV××线151开关智能汇控柜××线151开关保护及1号主变压器差动合并单元检修13KLP开入量正常

（六）工作票

变电站（发电厂）第一种工作票

单位　国网××供电公司变电检修工区　　　　　编号　220kV××变电站2016041002

1. 工作负责人（监护人）赵×　　　　　　　　班组　变电检修一班，变电二次运检一班，电气试验二班

2. 工作班成员（不包括工作负责人）

张×、李×、王×等

_____

_____　　　　　共 15 人

3. 工作的变配电站名称及设备双重名称

220kV××变电站

4. 工作任务

工作地点及设备双重名称	工作内容
110kV GIS室：110kV××一线151开关、1516隔离开关、220kV××一151开关TA	预试
主控室：监控后台机，110kV××一线151开关保护屏，网络分析屏，故障录波屏	保护年检
110kV GIS室：110kV××一线151开关汇控柜：110kV××一线151开关智能终端、110kV××一线151开关合并单元	保护年检

5. 计划工作时间

自　2016　年　04　月　17　日　08　时　30　分

至　2016　年　04　月　17　日　17　时　30　分

6. 安全措施（必要时可附页绘图说明）

应拉断路器（开关）、隔离开关（刀闸）	已执行
（1）拉开151开关及操作电源，并将其"远方/就地"切换开关切至"就地"位置	
（2）拉开1511、1516隔离开关及操作电源，并将其"远方/就地"切换开关切至"就地"位置	
应装接地线、应合接地隔离开关（注明确实地点、名称及接地线编号*）	已执行
（1）合上15130、15140、15160接地隔离开关	
应设遮栏、应挂标示牌及防止二次回路误碰等措施	已执行
（1）在151开关、1516隔离开关操作把手上、151线路TV二次空开上挂"禁止合闸，线路有人工作！"，在1511隔离开关操作把手上挂"禁止合闸，有人工作！"	
（2）用围栏将151开关、1516隔离开关、151开关TA、110kV××一线151开关汇控柜与带电设备隔离，并面向停电设备挂挂"止步，高压危险"，在围栏入口处挂"在此工作！""从此进出！"	
（3）退出1号主变压器差动保护装置151开关电流SV接收软压板	
（4）投入151开关线路保护装置、智能终端、合并单元检修硬压板	
（5）在110kV××一线151开关保护屏、网络分析屏、故障录波屏前、后挂"在此工作！"，在相邻的110kV备用电源自投装置屏、同步时钟屏、远动通信屏前后，相背的蓄电池屏（二）前、相对的站用电源屏后挂"运行设备"	

*已执行栏目及接地线编号由工作许可人填写。

工作地点保留带电部分或注意事项（由工作票签发人填写）	补充工作地点保留带电部分和安全措施（由工作许可人填写）
1. 进入GIS室前应通风15min	
2. 1511隔离开关靠110kVⅠ母侧带电，工作中禁止操作该隔离开关	

工作票签发人签名　姜×　　签发日期　2016　年　04　月　16　日　11　时　30　分

7. 收到工作票时间

_____年_____月_____日_____时_____分

运行值班人员签名_____　　工作负责人签名_____

8. 工作许可（确认本工作票1~7项）

工作负责人签名_____　　工作许可人签名_____

许可开始工作时间_____年_____月_____日_____时_____分

9. 确认工作负责人布置的任务和本施工项目安全措施

工作班组人员签名

_____

_____

_____

_____

_____

10. 工作负责人变动情况

原工作负责人_____离去，变更_____为工作负责人。

工作票签发人_____　_____年_____月_____日_____时_____分

工作许可人_____

11. 工作人员变动情况（变动人员姓名、日期及时间）

增添人员姓名	日	时	分	工作负责人签名	离去人员签名	日	时	分	工作负责人签名

工作负责人签名_____

12. 工作票延期

有效期延长到_____年_____月_____日_____时_____分

工作负责人签名_____　_____年_____月_____日_____时_____分

工作许可人签名_____　_____年_____月_____日_____时_____分

13. 每日开工和收工时间（使用一天的工作票不必填写）

收工时间				工作负责人	工作许可人	开工时间				工作许可人	工作负责人
月	日	时	分			月	日	时	分		

14. 工作终结

全部工作于＿＿＿＿年＿＿＿＿月＿＿＿＿日＿＿＿＿时＿＿＿＿分结束，设备及安全措施已恢复至开工前状态，工作人员已全部撤离，材料工具已清理完毕，工作已终结。

工作负责人签名＿＿＿＿＿＿＿＿＿＿＿＿＿＿＿＿＿　工作许可人签名＿＿＿＿＿＿＿＿＿＿＿＿＿＿＿＿＿

15. 工作票终结

临时遮栏、标示牌已拆除，常设遮栏已恢复。未拆除或未拉开的接地线编号＿＿＿＿＿＿＿＿＿＿＿＿＿

＿＿＿＿＿＿＿＿＿＿＿＿＿＿＿＿等共＿＿＿组、接地隔离开关（小车）共＿＿＿组（副、台）、绝缘隔板

编号＿＿＿＿＿＿＿＿＿＿＿＿＿＿＿＿共＿＿＿块，已汇报调度运维人员。

工作许可人签名＿＿＿＿＿＿＿　＿＿＿年＿＿＿月＿＿＿日＿＿＿时＿＿＿分

16. 备注

（1）指定专责监护人＿＿＿＿＿＿＿＿＿＿　负责监护＿＿＿＿＿＿＿＿＿＿＿（地点及具体工作）。

　　　指定专责监护人＿＿＿＿＿＿＿＿＿＿　负责监护＿＿＿＿＿＿＿＿＿＿＿（地点及具体工作）。

　　　指定专责监护人＿＿＿＿＿＿＿＿＿＿　负责监护＿＿＿＿＿＿＿＿（地点及具体工作）。

（2）其他事项。

＿＿

＿＿

＿＿

＿＿

（七）送电操作要点

送电退出开关合并单元置检修硬压板后，务必投入1号主变压器差动保护151间隔电流SV接收压板，否则将导致1号主变压器差动保护无法采集电流信息；在操作保护装置内部软压板之前，运维人员应根据装置信号灯、后台监控机报文等信息检查装置无异常信号。

第二节　主变压器间隔"两票"解析

本节将分别讲解110、220kV智能变电站主变压器停送电操作票及相关工作票。

一、实例一

本例1号主变压器高、中、低压侧接线方式如图3–13所示。

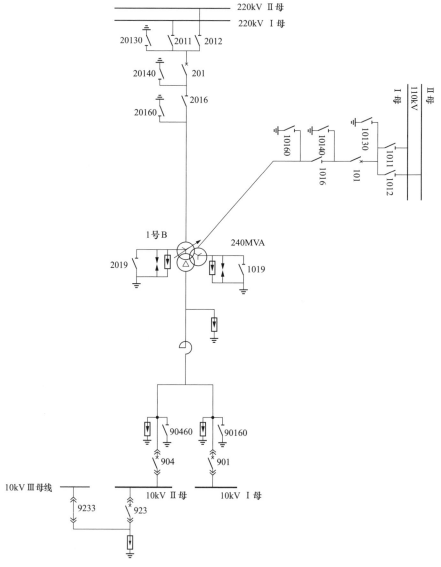

图3-13　1号主变压器高、中、低压侧接线方式

（一）工作任务

220kV变电站单台主变压器（1号主变压器）保护年检。

（二）操作任务

1号主变压器由运行转冷备用。

（三）停电操作前运行方式

1号主变压器高压侧201开关运行于220kV Ⅰ 母，中压侧运行于110kV Ⅰ 母，901开关运行于10kV Ⅰ 母，904开关运行于10kV Ⅱ 母。在执行地调调令之前，本站已退出10kV分段923开关备用电源自投装置，并将10kV分段923开关由热备用转运行。本站110kV无失灵保护。

（四）停电操作要点

220kV主变压器间隔一、二次设备转检修操作可类比220kV线路间隔，操作中应注意以下4个方面：

（1）首先消除停电设备对运行母线保护的影响，断开启动失灵回路。

（2）主变压器保护检修时可能误动出口跳运行中的母联、分段开关，需要退出主变压器保护中联跳运行开关软压板。

（3）常规变电站中运维人员并未退出母线保护装置上的间隔失灵接收压板，而智能变电站则需要退出，其原因在于智能变电站虚回路必须采用双重隔离。

（4）220kV主变压器保护各侧智能组件采用双重化配置，数量较多，操作中应遵循操作票步骤逐一进行操作，切勿跳项、漏项。

（五）操作票

1.（根据调度指令，执行"1号主变压器由运行转冷备用"一次部分操作）

2. 退出110kV母差保护屏110kV母差保护101开关SV及GOOSE接收软压板

3. 检查110kV母差保护屏110kV母差保护101开关SV及GOOSE接收软压板变位正确

4. 检查110kV母线保护屏110kV母线保护101开关母线1强制隔离开关位置确为"0"

5. 检查110kV母线保护屏110kV母线保护101开关母线2强制隔离开关位置确为"0"

6. 投入110kV母线保护屏110kV母线保护101开关隔离开关位置强制使能软压板

7. 检查110kV母线保护屏110kV母线保护101开关隔离开关位置强制使能软压板变位正确

8. 退出220kV母线1号保护屏220kV母线保护1号保护201开关SV及GOOSE接收软压板

9. 检查220kV母线1号保护屏220kV母线保护1号保护201开关SV及GOOSE接收软压板变位正确

10. 退出220kV母线1号保护屏220kV母线保护1号保护201开关失灵接收软压板

11. 检查220kV母线1号保护屏220kV母线保护1号保护201开关失灵接收软压板变位正确

12. 检查220kV母线1号保护屏220kV母线1号保护201母线1强制隔离开关位置确为"0"（2011隔离开关强制分位）

13. 检查220kV母线1号保护屏220kV母线1号保护201母线2强制隔离开关位置确为"0"（2012隔离开关强制分位）

14. 投入220kV母线1号保护屏220kV母线1号保护201开关隔离开关位置强制使能软压板

15. 检查220kV母线1号保护屏220kV母线1号保护201开关隔离开关位置强制使能软压板变位正确

16.（220kV母线2号保护操作与220kV母线1号保护操作相同，此处不再赘述）

［第2～16项解析］二次设备操作需考虑1号主变压器停电后对运行中的110、220kV母线保护所产生的影响。110kV母线保护为单套配置，仅操作唯一一套110kV母线保护装置内1号主变压器101开关SV接收压板及隔离开关强制使能压板即可；此外，由于本站110kV母线失灵保护未投入，不存在隔离启动失灵回路的安全措施。220kV母线保护操作则需要分别进入第1、2套保护装置操作相关软压板。1号主变压器保护、220kV 1号母线保护之间联系如图3-14所示。

17. 退出1号主变压器保护屏1号保护212开关网跳出口软压板

18. 检查1号主变压器保护屏1号保护212开关网跳出口软压板变位正确

19. 退出1号主变压器保护屏1号保护112开关网跳出口软压板

20. 检查1号主变压器保护屏1号保护112开关网跳出口软压板变位正确

21. 退出1号主变压器保护屏1号保护923开关网跳出口软压板

22. 检查1号主变压器保护屏1号保护923开关网跳出口软压板变位正确

［第16～22项解析］主变压器保护中有联跳出口压板，为避免检修工作中此类压板误出口误跳运行中的母联、分段开关，应退出此类压板。

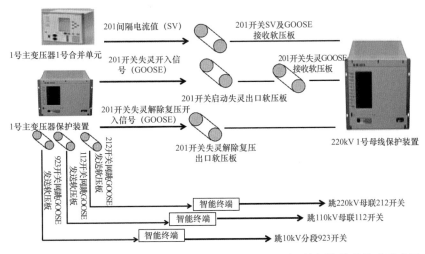

图3-14　1号主变压器合并单元、保护装置与220kV 1号母线保护信号传递示意图

23. 退出1号主变压器保护屏1号保护201开关启动失灵出口软压板

24. 检查1号主变压器保护屏1号保护201开关启动失灵出口软压板变位正确

25. 退出1号主变压器保护屏1号保护201开关失灵解除复压出口软压板

26. 检查1号主变压器保护屏1号保护201开关失灵解除复压出口软压板变位正确

27. 投入1号主变压器保护屏1号保护检修1KLP1硬压板

28. 检查1号主变压器保护屏1号保护检修1KLP1硬压板开入量正常

29. （220kV母线2号保护操作与220kV母线1号保护操作相同，此处不再赘述）

［第27～29项解析］退出保护相关出口硬压板后，可立即将主变压器保护装置置检修硬压板投入。1号主变压器保护、220kV 1号母线保护之间联系如图3-14所示。

30. （分别投入1号主变压器高、中、低压侧智能终端、合并单元检修硬压板）

（六）工作票

变电站（发电厂）第一种工作票

单位　国网××供电公司变电检修工区　　　　编号　220kV××变电站2016041003

1. 工作负责人（监护人）赵×　　　　班组　变电二次运检一班

2. 工作班成员（不包括工作负责人）

张×、李×、王×、赵×、钱×、朱×

共 6 人

3. 工作的变配电站名称及设备双重名称

220kV××变电站

4. 工作任务

工作地点及设备双重名称	工作内容
主控室：监控后台机，1号主变压器保护屏，主变压器故障录波屏（一），主变压器故障录波屏（二），网络分析屏	保护年检
110kV GIS室：1号主变压器101开关智能汇控柜：1号主变压器101开关1、2号合并单元，1号主变压器101开关1、2号智能终端	保护年检
220kV GIS室：1号主变压器201开关智能汇控柜：1号主变压器201开关1、2号合并单元，1号主变压器101开关1、2号智能终端	保护年检
10kV高压室：1号主变压器901开关柜：1号主变压器901开关1、2号合并单元，1号主变压器901开关1、2号智能终端	保护年检
10kV高压室：1号主变压器904开关柜：1号主变压器904开关1、2号合并单元，1号主变压器904开关1、2号智能终端	保护年检

5. 计划工作时间

自　2016　年　04　月　17　日　08　时　30　分
至　2016　年　04　月　17　日　17　时　30　分

6. 安全措施（必要时可附页绘图说明）

应拉断路器（开关）、隔离开关（刀闸）	已执行
（1）拉开201、101、901、904开关及操作电源，并将其"远方/就地"切换开关切至置"就地"位置	
（2）拉开2011、2012、2016、1011、1012、1016隔离开关及操作电源，并将其"远方/就地"切换开关切至"就地"位置	
（3）将901、904开关小车拉出至试验位置	
（4）退出AVC装置的调压功能	
应装接地线、应合接地隔离开关（注明确实地点、名称及接地线编号*）	已执行
无	
应设遮栏、应挂标示牌及防止二次回路误碰等措施	已执行
（1）在201、101、901、904开关，2016、2011、1016、1011隔离开关操作把手上挂"禁止合闸，有人工作！"	
（2）用围栏将1号主变压器201开关智能汇控柜与带电设备隔离，并面向停电设备挂"止步，高压危险！"，在围栏入口处挂"在此工作！"	

（3）用围栏将1号主变压器101开关智能汇控柜与带电设备隔离，并面向停电设备挂"止步，高压危险！"，在围栏入口处挂"在此工作！"	
（4）在1号主变压器保护屏，主变压器故障录波屏（一），主变压器故障录波屏（二），网络分析屏前、后台监控机处挂"在此工作！"，在相邻的线路故障录波屏、2号主变压器保护屏前后，相对同步时钟屏、调度数据网屏前、相对的备用线261保护屏（一）、备用线261保护屏（二）、××线263保护屏（一）后挂"运行设备"	
（5）退出220kV 1、2号母线保护201开关SV及GOOSE接收软压板	
（6）退出220kV 1、2号母线保护201开关失灵GOOSE接收软压板	
（7）退出110kV号母线保护101开关SV及GOOSE接收软压板	
（8）退出1号主变压器1、2号保护装置201开关启动失灵发送软压板	
（9）投入220kV 1、2号母线保护201开关母线隔离开关强制使能软压板	
（10）投入110kV母线保护101开关母线隔离开关强制使能软压板	
（11）投入1号主变压器1、2号保护装置检修硬压板	
（12）投入201开关1、2号智能终端、合并单元检修硬压板	
（13）投入101开关1、2号智能终端、合并单元检修硬压板	
（14）投入1号主变压器901开关1、2号智能组件检修硬压板	
（15）投入1号主变压器904开关1、2号智能组件检修硬压板	

*已执行栏目及接地线编号由工作许可人填写。

工作地点保留带电部分或注意事项（由工作票签发人填写）	补充工作地点保留带电部分和安全措施（由工作许可人填写）
1. 进入GIS室前应通风15min	
2. 2012隔离开关靠220kVⅡ母侧带电，工作中禁止操作该隔离开关	

工作票签发人签名__周×__ 签发日期__2016__年__04__月__16__日__11__时__30__分

7. 收到工作票时间

_____年_____月_____日_____时_____分

运行值班人员签名_____ 工作负责人签名_____

8. 工作许可（确认本工作票1～7项）

工作负责人签名_____ 工作许可人签名_____

许可开始工作时间_____年_____月_____日_____时_____分

9. 确认工作负责人布置的任务和本施工项目安全措施

工作班组人员签名：

_____

_____

_____

_____

_____

10．工作负责人变动情况

原工作负责人＿＿离去，变更＿＿为工作负责人。

工作票签发人＿＿＿＿　＿＿年＿＿月＿＿日＿＿时＿＿分

工作许可人＿＿＿＿＿

11．工作人员变动情况（变动人员姓名、日期及时间）

增添人员姓名	日	时	分	工作负责人签名	离去人员签名	日	时	分	工作负责人签名

工作负责人签名＿＿＿＿＿＿＿

12．工作票延期

有效期延长到＿＿＿年＿＿月＿＿日＿＿时＿＿分

工作负责人签名＿＿＿　＿＿年＿＿月＿＿日＿＿时＿＿分

工作许可人签名＿＿＿　＿＿年＿＿月＿＿日＿＿时＿＿分

13．每日开工和收工时间（使用一天的工作票不必填写）

收工时间				工作负责人	工作许可人	开工时间				工作许可人	工作负责人
月	日	时	分			月	日	时	分		

14. 工作终结

全部工作于_____年___月___日___时___分结束，设备及安全措施已恢复至开工前状态，工作人员已全部撤离，材料工具已清理完毕，工作已终结。

工作负责人签名_____ 工作许可人签名_____

15. 工作票终结

临时遮栏、标示牌已拆除，常设遮栏已恢复。未拆除或未拉开的接地线编号_____

等共_____组、接地隔离开关（小车）共_____组（副、台）、绝缘隔板编号_____共_____块，

已汇报调度运维人员。

工作许可人签名_____ _____年___月___日___时___分

16. 备注

（1）指定专责监护人_____ 负责监护_____（地点及具体工作）。

指定专责监护人_____ 负责监护_____（地点及具体工作）。

指定专责监护人_____ 负责监护_____（地点及具体工作）。

（2）其他事项。

_____

_____

（七）送电操作要点

（1）对主变压器送电之前，必须检查高、中压侧中性点接地隔离开关均在合闸位置，送电应遵循从高压侧送到低压侧操作顺序。

（2）主变压器保护相关工作结束后核对定值时应仔细核对主变压器跳闸矩阵，不同保护厂家跳闸矩阵可能采用不同进制表达方式，运维人员应掌握跳闸矩阵值的换算方法。

二、实例二

110kV××智能变电站主变压器高压侧接线图如图3-15所示。

（一）工作任务

110kV变电站单台主变压器（1号主变压器）保护缺陷处理。

（二）操作任务

1号主变压器由运行转冷备用。

（三）停电操作前运行方式

110kV××一线151开关运行，××二线152开关热备用，110kV内桥112开关

运行，1、2号主变压器运行，10kV分段912开关已转运行。当前已退出10kV分段912（934）开关负荷均分备自投，10kV分段912开关由热备用转运行，10kV分段934开关由热备用转运行，本站2号主变压器低压侧分为低一分支和低二分支，分别对应2号主变压器902、904开关。

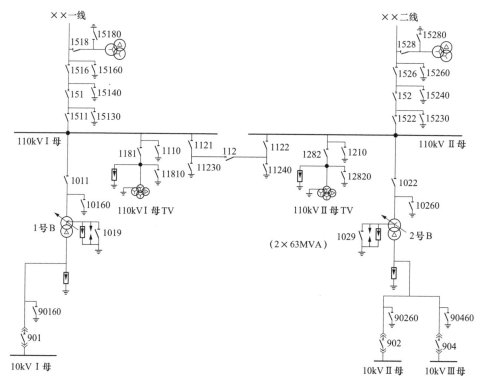

图3-15　110kV××智能变电站主变压器高压侧接线图

（四）停电操作要点

110kV内桥接线1号主变压器停电检修时，一、二次设备操作有如下要点。

（1）一次设备。

1）一次设备进行停电时，操作主变压器高压侧前应保证主变压器110kV侧中性点确在合闸位置，以防止操作过电压。

2）主变压器停电顺序应按从低压侧至高压侧顺序依次执行。

3）本操作票配合检修人员对主变压器保护工作，故只需将主变压器转为冷备用。

（2）二次设备。

1）内桥接线变电站单停主变压器操作时，110kV内桥112开关合闸前应投入充电保护，智能变电站投入充电保护仅需投入充电保护功能软压板即可，跳闸出口硬压板及控制字处于常投位置。

2）1号主变压器保护有工作时应退出保护中所有可能涉及出口至运行开关的跳闸出口软压板。

（五）操作票

1.（根据调度指令，执行"1号主变压器由运行转冷备用"一次部分操作）

2. 退出1号主变压器保护屏1号主变压器差动保护装置××一线151开关直跳出口软压板

3. 检查1号主变压器保护屏1号主变压器差动保护装置××一线151开关直跳出口软压板变位正确

4. 退出1号主变压器保护屏1号主变压器差动保护装置110kV内桥112开关直跳出口软压板

5. 检查1号主变压器保护屏1号主变压器差动保护装置110kV内桥112开关直跳出口软压板变位正确

6. 退出1号主变压器保护屏1号主变压器差动保护装置闭锁高压侧备自投出口软压板

7. 检查1号主变压器保护屏1号主变压器差动保护装置闭锁高压侧备自投出口软压板变位正确

8. 投入1号主变压器保护屏1号主变压器差动保护装置检修投退1KLP1硬压板

9. 检查1号主变压器保护屏1号主变压器差动保护装置检修投退1KLP1硬压板开入量正常

10. 退出1号主变压器保护屏1号主变压器高后备保护装置××一线151开关直跳出口软压板

11. 检查1号主变压器保护屏1号主变压器高后备保护装置××一线151开关直跳出口软压板变位正确

12. 退出1号主变压器保护屏1号主变压器高后备保护装置110kV内桥112开关直跳出口软压板

13. 检查1号主变压器保护屏1号主变压器高后备保护装置110kV内桥112开

关直跳出口软压板变位正确

14. 退出1号主变压器保护屏1号主变压器高后备保护装置闭锁110kV备自投出口软压板

15. 检查1号主变压器保护屏1号主变压器高后备保护装置闭锁110kV备自投出口软压板变位正确

16. 投入1号主变压器保护屏1号主变压器高后备保护装置检修投退1-2KLP1硬压板

17. 检查1号主变压器保护屏1号主变压器高后备保护装置检修投退1-2KLP1硬压板开入量正常

18. 退出1号主变压器保护屏1号主变压器低后备保护装置××一线151开关直跳出口软压板

19. 检查1号主变压器保护屏1号主变压器低后备保护装置××一线151开关直跳出口软压板变位正确

20. 退出1号主变压器保护屏1号主变压器低后备保护装置110kV内桥112开关直跳出口软压板

21. 检查1号主变压器保护屏1号主变压器低后备保护装置110kV内桥112开关直跳出口软压板变位正确

22. 退出1号主变压器保护屏1号主变压器低后备保护装置10kV分段912开关网跳出口软压板

23. 检查1号主变压器保护屏1号主变压器低后备保护装置10kV分段912开关网跳出口软压板变位正确

24. 退出1号主变压器保护屏1号主变压器低后备保护装置闭锁110kV备自投出口软压板

25. 检查1号主变压器保护屏1号主变压器低后备保护装置闭锁110kV备自投出口软压板变位正确

26. 投入1号主变压器保护屏1号主变压器低后备保护装置检修投退3-2KLP1硬压板

27. 检查1号主变压器保护屏1号主变压器低后备保护装置检修投退3-2KLP1硬压板开入量正常

[第2~27解析]1号主变压器保护装置工作时，应退出主变压器各保护内可能

影响到运行装置与运行开关的出口软压板，由于本站主变压器主保护与后备保护不在同一装置内部，应根据装置内部软压板类型分别进行退出，并分别对保护装置置检修。

110kV备自投装置处于运行状态，1号主变压器各保护中闭锁110kV备自投出口软压板均应退出。此外，由于10kV备自投处于退出状态（10kV分段912开关已合上），因此1号主变压器低后备保护无需退出闭锁10kV备自投出口软压板。

28．投入1号主变压器智能控制柜1号主变压器本体合并单元检修硬压板

29．检查1号主变压器智能控制柜1号主变压器本体合并单元检修硬压板开入量正常

30．投入1号主变压器智能控制柜1号主变压器本体智能终端检修硬压板

31．检查1号主变压器智能控制柜1号主变压器本体智能终端检修硬压板开入量正常

32．投入1号主变压器901开关柜1号主变压器901开关差动保护合并单元检修硬压板

33．检查1号主变压器901开关柜1号主变压器901开关差动保护合并单元检修硬压板开入量正常

34．投入1号主变压器901开关柜1号主变压器901开关后备保护合并单元检修硬压板

35．检查1号主变压器901开关柜1号主变压器901开关后备保护合并单元检修硬压板开入量正常

36．投入1号主变压器901开关柜1号主变压器901开关智能终端检修硬压板

37．检查1号主变压器901开关柜1号主变压器901开关智能终端检修硬压板开入量正常

（六）工作票

变电站（发电厂）第一种工作票

单位　国网××供电公司变电检修工区　　　　编号　110kV××变电站2016041004

1．工作负责人（监护人）赵×　　　　　　　　班组　变电二次运检一班

2．工作班成员（不包括工作负责人）

李×、张×

共 2 人

3．工作的变配电站名称及设备双重名称

110kV××变电站

4．工作任务

工作地点及设备双重名称	工作内容
主控室：1号主变压器保护屏，1号主变压器保护	缺陷处理

5．计划工作时间

自 __2016__ 年 __04__ 月 __17__ 日 __08__ 时 __30__ 分

至 __2016__ 年 __04__ 月 __17__ 日 __17__ 时 __30__ 分

6．安全措施（必要时可附页绘图说明）：

应拉断路器（开关）、隔离开关（刀闸）	已执行
（1）拉开901开关及操作电源，并将其"远方/就地"切换开关切至"就地"位置	
（2）拉开1011隔离开关及操作电源，并将其"远方/就地"切换开关切至"就地"位置	
（3）将901开关小车拉出至"试验"位置	
（4）退出AVC装置的调压功能	
应装接地线、应合接地隔离开关（注明确实地点、名称及接地线编号*）	已执行
无	
应设遮栏、应挂标示牌及防止二次回路误碰等措施	已执行
（1）在1号主变压器保护屏前后挂"在此工作"，在相邻的2号主变压器保护屏前后、相背的故障录波屏前挂"运行设备"	
（2）退出1号主变压器差动保护装置151开关直跳、112开关直跳、闭锁高压侧备自投出口软压板	

（3）退出1号主变压器高后备保护装置151开关直跳、112开关直跳、闭锁高压侧备自投出口软压板	
（4）退出1号主变压器低后备保护装置151开关直跳、112开关直跳、912开关网跳、闭锁高压侧备自投出口软压板	
（5）投入1号主变压器保护装置、本体智能终端、合并单元检修硬压板	
（6）投入1号主变压器901开关差动保护、低后备保护合并单元检修硬压板	
（7）投入1号主变压器901开关智能终端检修硬压板	

*已执行栏目及接地线编号由工作许可人填写。

工作地点保留带电部分或注意事项（由工作票签发人填写）	补充工作地点保留带电部分和安全措施（由工作许可人填写）

工作票签发人签名　周×　　签发日期　2016　年　04　月　16　日　11　时　30　分

7．收到工作票时间

＿＿＿＿年＿＿＿＿月＿＿＿＿日＿＿＿＿时＿＿＿＿分

运行值班人员签名＿＿＿＿＿＿＿＿＿＿＿＿　　　　工作负责人签名＿＿＿＿＿＿＿＿＿＿＿＿

8．工作许可（确认本工作票1~7项）

工作负责人签名＿＿＿＿＿＿＿＿＿＿＿＿　　　　工作许可人签名＿＿＿＿＿＿＿＿＿＿＿＿

许可开始工作时间＿＿＿＿＿年＿＿＿月＿＿＿日＿＿＿时＿＿＿分

9．确认工作负责人布置的任务和本施工项目安全措施

工作班组人员签名

＿＿

＿＿

＿＿

＿＿

10．工作负责人变动情况

原工作负责人＿＿＿离去，变更＿＿＿为工作负责人。

工作票签发人＿＿＿＿＿　＿＿＿＿＿年＿＿＿月＿＿＿日＿＿＿时＿＿＿分

工作许可人＿＿＿＿＿

11．工作人员变动情况（变动人员姓名、日期及时间）

增添人员姓名	日	时	分	工作负责人签名	离去人员签名	日	时	分	工作负责人签名

工作负责人签名_____

12．工作票延期

有效期延长到_____年___月___日___时___分

工作负责人签名_____　_____年___月___日___时___分

工作许可人签名_____　_____年___月___日___时___分

13．每日开工和收工时间（使用一天的工作票不必填写）

收工时间				工作负责人	工作许可人	开工时间				工作许可人	工作负责人
月	日	时	分			月	日	时	分		

14. 工作终结

全部工作于＿＿＿年＿＿月＿＿日＿＿时＿＿分结束，设备及安全措施已恢复至开工前状态，工作人员已全部撤离，材料工具已清理完毕，工作已终结。

工作负责人签名＿＿＿＿＿＿＿＿＿＿＿＿＿＿＿　　　工作许可人签名＿＿＿＿＿＿＿＿＿＿＿＿＿＿＿

15. 工作票终结

临时遮栏、标示牌已拆除，常设遮栏已恢复。未拆除或未拉开的接地线编号＿＿＿＿＿＿＿＿＿＿＿
＿＿＿＿＿＿＿＿＿＿＿等共＿＿组、接地隔离开关（小车）共＿＿组（副、台）、绝缘隔板编号＿＿＿
＿＿＿＿＿＿＿＿＿＿＿＿＿共＿＿块，已汇报调度值班员。

工作许可人签名＿＿＿　＿＿＿年＿＿月＿＿日＿＿时＿＿分

16. 备注

（1）指定专责监护人＿＿＿＿＿＿＿＿＿　　　负责监护＿＿＿＿＿＿＿＿＿＿（地点及具体工作）。
　　　指定专责监护人＿＿＿＿＿＿＿＿＿　　　负责监护＿＿＿＿＿＿＿＿＿＿（地点及具体工作）。
　　　指定专责监护人＿＿＿＿＿＿＿＿＿　　　负责监护＿＿＿＿＿＿＿＿＿＿（地点及具体工作）。

（2）其他事项。

＿＿

（七）送电操作要点

送电时涉及恢复各类软硬压板数量较多，运维人员应按操作票逐个对各装置软硬压板进行操作，切勿跳项、漏项，软压板修改完毕后应退出装置后再进入压板界面核实状态无误。

第三节　母线"两票"解析

本节将分别列举220kV智能变电站母线停送电操作票及相关工作票。

一、实例一

本例母线接线方式如图3-16所示。

（一）工作任务

220kV母联212开关预试维护、保护年检。

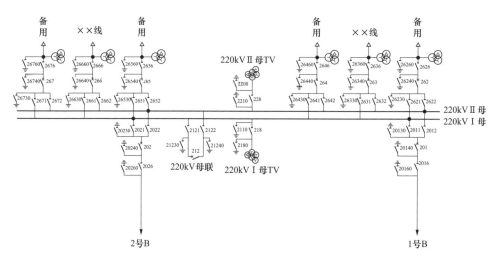

图3-16　220kV母线接线图

（二）操作任务

220kVⅠ母上所有开关倒至Ⅱ母，220kVⅠ母及220kV母联212开关由运行转检修。

（三）停电操作前运行方式

220kVⅠ、Ⅱ段母线并列运行，母联212开关运行，1号主变压器、220kV××线263开关运行于220kVⅠ段母线，2号主变压器、220kV××线266开关运行于220kVⅡ段母线。

（四）停电操作要点

（1）倒母线操作开始前，为避免操作过程中母联开关跳闸导致带负荷拉合隔离开关，需拉开母联开关操作电源，使其成为死开关。此外，还应投入母线保护互联软压板，此时母线保护只判断故障发生于区内或区外。

（2）对要停电的母线再检查一次，确保设备已全部倒至运行母线上，防止因"漏"倒引起停电事故。

（3）要特别注意拉母联断路器的操作顺序，应先拉电压互感器，后拉母联断路器。

（4）母线隔离开关操作后，应进入母线保护装置内检查二次电压切换正常。

（五）操作票

1. 检查220kV母联212开关确在合闸位置

2. 检查220kV母联2121、2122隔离开关确在合闸位置

3. 检查220kV母线1号保护屏220kV母线保护1号保护无异常信号

4. 投入220kV母线1号保护屏220kV母线保护1号保护母线互联软压板

5. 检查220kV母线1号保护屏220kV母线保护1号保护母线互联软压板变位正确

6. 检查220kV母线2号保护屏220kV母线保护2号保护无异常信号

7. 投入220kV母线2号保护屏220kV母线保护2号保护母线互联软压板

8. 检查220kV母线2号保护屏220kV母线保护2号保护母线互联软压板变位正确

〔第3～8项解析〕智能变电站母线保护互联压板为软压板，操作时需进入保护装置内退出该软压板，操作完毕后应再次进入功能软压板界面检查互联软压板开入量变位是否已经为"1"（或"投入"），界面可参考图3-17某厂家母线保护装置功能软压板界面。

9. 拉开220kV母联212开关操作电源1

10. 拉开220kV母联212开关操作电源2

11. 合上××线2632隔离开关

12. 检查××线2632隔离开关确在合闸位置

图3-17 某厂家母线保护装置功能软压板界面

13. 检查××线2632隔离开关二次电压切换正常

14. 拉开××线2631隔离开关

15. 检查××线2631隔离开关确在分闸位置

16. 检查××线2631隔离开关二次电压切换正常

〔第11～16项解析〕将Ⅰ母上所有开关热倒至Ⅱ母，母线隔离开关操作完毕

后均应在母线保护装置上检查隔离开关二次电压切换正常，需要注意的是，当某一间隔两把母线隔离开关均在合闸位置时，监控后台机将报"隔离开关位置同时动作"信号，此时该信号为正常信号，拉开一把隔离开关后即可恢复，运维人员切勿将该信号当作异常信号。

17．（根据调度指令，执行"220kVⅠ母上所有开关倒至Ⅱ母，220kVⅠ母及220kV母联212开关由运行转检修"一次部分操作）

18．拉开220kV母联212开关操作电源1

19．拉开220kV母联212开关操作电源2

20．退出220kV母线1号保护屏220kV母线1号保护212开关SV及GOOSE接收软压板

21．检查220kV母线1号保护屏220kV母线1号保护212开关SV及GOOSE接收软压板变位正确

22．退出220kV母线1号保护屏220kV母线1号保护212开关失灵接收软压板

23．检查220kV母线1号保护屏220kV母线1号保护212开关失灵接收软压板变位正确

24．退出220kV母线2号保护屏220kV母线2号保护212开关SV及GOOSE接收软压板

25．检查220kV母线2号保护屏220kV母线2号保护212开关SV及GOOSE接收软压板变位正确

26．退出220kV母线2号保护屏220kV母线2号保护212开关失灵接收软压板

27．检查220kV母线2号保护屏220kV母线2号保护212开关失灵接收软压板变位正确

［第20～27项解析］由于母联212开关保护及合并单元均置检修，相应的启失灵开入、遥信、遥测采样值信号将带检修标志，影响正常运行中的母线保护装置，因此需先将两套母线保护失灵接收软压板以及212间隔的GOOSE及SV接收软压板退出。

28．退出220kV母联212开关保护屏220kV母联212开关1号保护212开关启动失灵出口软压板

29．检查220kV母联212开关保护屏220kV母联212开关1号保护212开关启动失灵出口软压板变位正确

30. 投入220kV母联212开关保护屏220kV母联212开关1号保护投检修硬压板

31. 检查220kV母联212开关保护屏220kV母联212开关1号保护投检修硬压板开入量正常

32. 退出220kV母联212开关保护屏220kV母联212开关2号保护212开关启动失灵出口软压板

33. 检查220kV母联212开关保护屏220kV母联212开关2号保护212开关启动失灵出口软压板变位正确

34. 投入220kV母联212开关保护屏220kV母联212开关2号保护投检修硬压板

35. 检查220kV母联212开关保护屏220kV母联212开关2号保护投检修硬压板开入量正常

［第28～35项解析］对应第22和26项，作为启动失灵虚回路的双重隔离措施。

36. 投入220kV母联212开关智能终端柜220kV母联212开关1号智能终端检修1LP10硬压板

37. 检查220kV母联212开关智能终端柜220kV母联212开关1号智能终端检修1LP10硬压板开入量正常

38. 投入220kV母联212开关智能终端柜220kV母联212开关2号智能终端检修1LP12硬压板

39. 检查220kV母联212开关智能终端柜220kV母联212开关2号智能终端检修1LP12硬压板开入量正常

40. 投入220kV母联212开关智能终端柜220kV母联212开关1号合并单元检修硬压板

41. 检查220kV母联212开关智能终端柜220kV母联212开关1号合并单元检修硬压板开入量正常

42. 投入220kV母联212开关智能终端柜220kV母联212开关2号合并单元检修硬压板

43. 检查220kV母联212开关智能终端柜220kV母联212开关2号合并单元检修硬压板开入量正常

［第36～43项解析］由于涉及220kV母联212开关所有二次设备检修工作，因此分别投入212开关两套智能终端以及合并单元置检修硬压板。

（六）工作票

变电站（发电厂）第一种工作票

单位　国网××供电公司变电检修工区　　　编号　220kV××变电站2016041005

1. 工作负责人（监护人）赵×　　　　　班组　变电检修一班，变电二次运检一班，电气试验二班

2. 工作班成员（不包括工作负责人）

李×、张×、王×等

_____

_____ 共_14_人

3. 工作的变配电站名称及设备双重名称

220kV××变电站_____

4. 工作任务

工作地点及设备双重名称	工作内容
220kV GIS室：220kV母联212开关、2121、212开关TA	预试
220kV GIS室：220kV母联212开关保护屏，220kV母联212开关1、2号保护	保护年检
220kV GIS室：220kV母联212开关智能终端柜，220kV母联212开关1、2号智能终端、220kV母联212开关1、2号合并单元	保护年检

5. 计划工作时间

自　2016　年　04　月　17　日　08　时　30　分

至　2016　年　04　月　17　日　17　时　30　分

6. 安全措施（必要时可附页绘图说明）

应拉断路器（开关）、隔离开关（刀闸）	已执行
（1）拉开212开关及操作电源，并将其"远方/就地"切换开关切至"就地"位置	
（2）拉开2121、2122隔离开关及操作电源，并将其"远方/就地"切换开关切至"就地"位置	
应装接地线、应合接地隔离开关（注明确实地点、名称及接地线编号*）	已执行
（1）合上21230、21240接地隔离开关	
应设遮栏、应挂标示牌及防止二次回路误碰等措施	已执行
（1）在212开关，2121、2122隔离开关操作把手上挂"禁止合闸，有人工作！"	
（2）用围栏将212开关、2121隔离开关、220kV母线212开关保护屏、220kV母联212开关智能终端柜与带电设备隔离，并面向停电设备挂"止步，高压危险！"，在围栏入口处挂"在此工作！""从此进出！"	

（3）退出220kV 1、2号母线保护装置212开关SV及GOOSE接收软压板	
（4）退出220kV 1、2号母线保护装置212开关失灵GOOSE接收软压板	
（5）退出212开关1、2号保护装置212开关启动失灵出口软压板	
（6）投入212开关1、2号保护装置、智能终端、合并单元置检修硬压板	

*已执行栏目及接地线编号由工作许可人填写。

工作地点保留带电部分或注意事项（由工作票签发人填写）	补充工作地点保留带电部分和安全措施（由工作许可人填写）
1. 进入GIS室前应通风15min	
2. 2122隔离开关靠220kV Ⅱ母侧带电，工作中禁止操作该隔离开关	

工作票签发人签名 周× 签发日期 2016 年 04 月 16 日 11 时 30 分

7. 收到工作票时间

_____年_____月_____日____时_____分

运行值班人员签名_____ 工作负责人签名_____

8. 工作许可（确认本工作票1～7项）

工作负责人签名_____ 工作许可人签名_____

许可开始工作时间_____年____月____日____时____分

9. 确认工作负责人布置的任务和本施工项目安全措施

工作班组人员签名

_____

_____

_____

_____

_____

10. 工作负责人变动情况

原工作负责人_____离去，变更_____为工作负责人。

工作票签发人_____ _____年___月___日___时___分

工作许可人_____

11. 工作人员变动情况（变动人员姓名、日期及时间）

增添人员姓名	日	时	分	工作负责人签名	离去人员签名	日	时	分	工作负责人签名

工作负责人签名＿＿＿＿＿＿

12. 工作票延期

有效期延长到＿＿＿＿年＿＿月＿＿日＿＿时＿＿分

工作负责人签名＿＿＿＿＿　　＿＿＿＿年＿＿月＿＿日＿＿时＿＿分

工作许可人签名＿＿＿＿＿　　＿＿＿＿年＿＿月＿＿日＿＿时＿＿分

13. 每日开工和收工时间（使用一天的工作票不必填写）

收工时间				工作负责人	工作许可人	开工时间				工作许可人	工作负责人
月	日	时	分			月	日	时	分		

14. 工作终结

全部工作于____年____月____日____时____分结束，设备及安全措施已恢复至开工前状态，工作人员已全部撤离，材料工具已清理完毕，工作已终结。

　　工作负责人签名_____　　　工作许可人签名_____

15. 工作票终结

临时遮栏、标示牌已拆除，常设遮栏已恢复。未拆除或未拉开的接地线编号_____

_____等共____组、接地隔离开关（小车）共____组（副、台）、绝缘隔板编号_____

_____共____块，已汇报调度值班员。

　　工作许可人签名_____　_____年____月____日____时____分

16. 备注

（1）指定专责监护人_____　　　负责监护_____（地点及具体工作）。

　　　指定专责监护人_____　　　负责监护_____（地点及具体工作）。

　　　指定专责监护人_____　　　负责监护_____（地点及具体工作）。

（2）其他事项。

_____

_____

_____

（七）送电操作要点补充

（1）220kV母联212开关智能组件为双重化配置，送电时应首先严格遵循操作顺序批量退出第一、二套智能组件相关检修硬压板，切勿漏退，以防闭锁相关运行的母线保护装置。

（2）恢复之前运行方式时，若需合上母联212开关，合开关前应投入两套母联212开关保护装置的充电保护功能软压板，并检查开入量正常，同时检查充电保护相关控制字是否正确投入，充电完毕后应立即退出充电保护功能软压板。

二、实例二

本例母线接线方式如图3-18所示。

（一）工作任务

220kV母联212开关1号合并单元故障处理。

（二）操作任务

退出220kV 1号母差保护和220kV母联212开关1号保护。

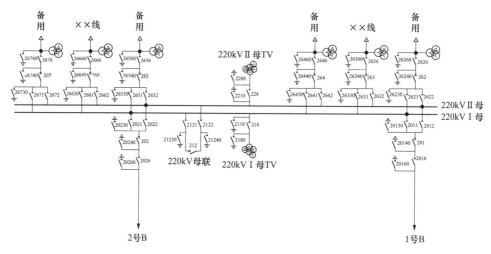

图3-18　220kV母线接线图

（三）停电操作前运行方式

220kVⅠ、Ⅱ段母线并列运行，母联212开关运行，1号主变压器、220kV××线263开关运行于220kVⅠ段母线，2号主变压器、220kV××线266开关运行于220kVⅡ段母线。

（四）停电操作要点

220kV母联212开关合并单元为双重化配置，母联212开关在运行位置时，1号合并单元检修将无法为1号母线保护提供212开关的保护用电流采样值，因此需退出1号母线保护；此外，由于无法采集电流值，212开关1号保护也将作为陪停设备。

（五）操作票

1. 退出220kV母线1号保护屏220kV母线1号保护各类出口软压板

2. 检查220kV母线1号保护屏220kV母线1号保护各类出口软压板变位正确

3. 退出220kV母线1号保护屏220kV母线1号保护差动保护软压板

4. 检查220kV母线1号保护屏220kV母线1号保护差动保护软压板变位正确

5. 退出220kV母线1号保护屏220kV母线1号保护失灵保护软压板

6. 检查220kV母线1号保护屏220kV母线1号保护失灵保护软压板变位正确

［第1～6项解析］母线1号保护跳闸出口压板包括各间隔开关直跳出口软压板、主变压器失灵联跳出口软压板、开关远跳/闭重出口软压板等，防止误动出

口至正常运行的各间隔。智能变电站退出母线保护步骤原理与常规变电站一致，均为先退出口压板，再退功能压板。

7．退出220kV母联212开关保护屏220kV母联212开关1号保护212开关直跳出口软压板

8．检查220kV母联212开关保护屏220kV母联212开关1号保护212开关直跳出口软压板变位正确

［第7、8项解析］为防止保护误动出口至运行中的母联212开关，220kV母联212开关1号保护中212开关直跳出口软压板应退出，但此处不必退出该保护中的启失灵发送软压板，因为对应的1号母线失灵保护已退出，已不具备失灵保护功能。

9．投入220kV母联212开关保护屏220kV母联212开关1号保护检修硬压板

10．检查220kV母联212开关保护屏220kV母联212开关1号保护检修硬压板开入量正常

11．投入220kV母联212开关智能终端柜220kV母联212开关1号合并单元检修硬压板

12．检查220kV母联212开关智能终端柜220kV母联212开关1号合并单元检修硬压板开入量正常

（六）工作票

变电站第二种工作票

单位　国网××公司变电检修工区　　　　编号　220kV××变电站2016042005

1．工作负责人（监护人）　张×　　　　班组　电气试验二班

2．工作班成员（不包括工作负责人）

李×、王×、赵×

_____

_____

共 3 人

3．工作的变配电站名称及设备双重名称

220kV××变电站

_____

4．工作任务

工作地点或地段	工作内容
220kV GIS室：220kV母联212开关智能终端柜，220kV母联212开关1号合并单元	故障处理

5．计划工作时间

自　2016　年　04　月　13　日　08　时　30　分

自　2016　年　04　月　13　日　17　时　30　分

6．工作条件（停电或不停电，或邻近及保留带电设备名称）

不停电

7．注意事项（安全措施）

1．工作中加强监护，不得触碰运行设备
2．进入GIS室工作前必须先通风15min
3．退出220kV母线1号保护的所有出口软压板（实际工作中应写明各出口压板名称及编号）
4．退出212开关1号保护212开关直跳出口软压板
5．退出220kV母线1号保护的差动和失灵功能软压板
6．投入212开关1号合并单元检修硬压板
7．投入212开关1号保护检修硬压板
8．在220kV母联212开关智能终端柜前、后挂"在此工作!"，在220kV母联212开关智能终端柜2号合并单元和1、2号智能终端处挂"运行设备"
9．工作完毕清理工作现场

工作票签发人签名　赵×　签发日期＿＿＿年＿＿月＿＿日＿＿时＿＿分

8．补充安全措施（工作许可人填写）

＿＿＿

＿＿＿

＿＿＿

＿＿＿

＿＿＿

9．确认本工作票1～8项

许可开始工作时间＿＿＿＿年＿＿月＿＿日＿＿时＿＿分

工作负责人签名＿＿＿＿＿＿＿＿＿＿＿　工作许可人签名＿＿＿＿＿＿＿＿＿＿＿＿＿

10. 确认工作负责人布置的任务和安全措施

工作班组人员签名：

_____

_____

_____

_____

_____

11. 工作票延期

有效期延长到＿＿＿年＿＿月＿＿日＿＿时＿＿分

工作负责人签名＿＿＿＿＿　　＿＿＿年＿＿月＿＿日＿＿时＿＿分

工作许可人签名＿＿＿＿＿　　＿＿＿年＿＿月＿＿日＿＿时＿＿分

12. 工作票终结

全部工作于＿＿＿年＿＿月＿＿日＿＿时＿＿分结束，工作人员已全部撤离，材料工具已清理完毕。

工作负责人签名＿＿＿＿＿＿　　＿＿＿年＿＿月＿＿日＿＿时＿＿分

工作许可人签名＿＿＿＿＿＿　　＿＿＿年＿＿月＿＿日＿＿时＿＿分

13. 备注

_____

_____

_____

_____

_____

（七）送电操作要点

恢复送电时应先投入保护功能软压板，再依次投入各出口软压板，防止保护由于先投出口压板误动，投压板之前均需检查保护装置无异常信号。

第四节　其他典型操作票解析

一、实例一

（一）操作任务

停用220kV线路保护1、2号重合闸。

（二）操作要点

1. 常规变电站停用重合闸一般步骤

（1）投入保护装置沟通三跳压板（或闭锁重合闸压板），对保护装置重合闸进行放电。

（2）将保护装置重合闸切换开关切至停用位置。

（3）退出保护装置重合闸出口压板。

2. 智能变电站停用重合闸一般步骤

与常规变电站相比，智能变电站停用重合闸需进入保护装置对软压板进行操作，即停用重合闸软压板（或为闭锁重合闸软压板），与常规变电站重合闸切换开关的停用位置不同，投入220kV一套线路保护装置停用重合闸软压板时，除对重合闸放电外，还会沟通三跳，部分保护装置中含禁止重合闸软压板，该压板投入后仅对重合闸放电，不沟通三跳。

（1）投入保护装置停用重合闸软压板。

（2）退出保护装置重合闸出口软压板。

220kV线路间隔重合闸为双套配置，停用重合闸应将两套重合闸同时退出。

（三）操作票

1. 投入××263开关保护屏××1号保护停用重合闸软压板

2. 检查××263开关保护屏××1号保护停用重合闸软压板变位正确

3. 退出××263开关保护屏××1号保护263开关重合闸出口软压板

4. 检查××263开关保护屏××1号保护263开关重合闸出口软压板变位正确

5. 投入××263开关保护屏××2号保护停用重合闸软压板

6. 检查××263开关保护屏××2号保护停用重合闸软压板变位正确

7. 退出××263开关保护屏××2号保护263开关重合闸出口软压板

8. 检查××263开关保护屏××2号保护263开关重合闸出口软压板变位正确

［解析］投入220kV一套线路保护装置停用重合闸软压板时会沟通三跳，若另一套线路保护装置重合闸处于单重状态，则功能将无法实现，因此停用线路保护单套重合闸时禁止投入该压板，只能退出重合闸出口压板。

二、实例二

（一）操作任务

整定1号主变压器差动保护定值（本站为110kV内桥接线变电站）。

（二）操作要点

根据国家电网公司调继〔2015〕92号文第二十条"装置检修硬压板操作原则"规定，智能变电站操作保护装置检修硬压板前，应确认保护装置处于信号状态，且与之相关的运行中的保护装置（如母差保护、安全自动装置等）二次回路的软压板（如失灵启动软压板等）已退出。因此本操作票将保护装置置检修前，应退出保护装置中所有出口软压板，使装置处于信号状态。

若为220V智能变电站220kV间隔定值整定，则应先退出母线保护间隔开关失灵接收软压板及间隔保护开关启动失灵出口软压板，以防止检修设备对运行设备造成影响。若待修改定值的间隔对应有失灵保护，应将失灵保护装置中该间隔失灵接收软压板及该间隔自身保护中的失灵发送软压板退出后，再投入该间隔装置置检修硬压板。

智能变电站定值通知单与常规变电站相比多出了功能软压板部分。此外，出口软压板并未列入定值单内，运维人员在核对定值时，应仔细核对功能软压板与控制字、出口软压板及现场智能终端出口硬压板是否同时投入，以确保装置正确动作。定值单图例如图3-19所示。

（三）操作票

1. 退出1号主变压器保护屏1号主变压器差动保护装置××一线151开关直跳出口软压板

2. 检查1号主变压器保护屏1号主变压器差动保护装置××一线151开关直跳出口软压板变位正确

3. 退出1号主变压器保护屏1号主变压器差动保护装置1号主变压器901开关直跳出口软压板

4. 检查1号主变压器保护屏1号主变压器差动保护装置1号主变压器901开关直跳出口软压板变位正确

5. 退出1号主变压器保护屏1号主变压器差动保护装置110kV内桥112开关直跳出口软压板

成都电网继电保护定值单

通知单号：220kV　　变电站2016-07-014

厂站名称：220kV　　变电站		设备名称：220kV　261开关	
保护型号：PSL-603U		调度命名：220kV　261开关2号线路保护	
CT变比：2500/5		装置版本号：2.52G.01 C5DE	

序号	名称	定值	序号	名称	定值
1	设备参数定值		3.1	零序反时限电流定值	9.9A
1.3	CT一次额定值	2500A	3.2	零序反时限时间	9.9S
1.4	CT二次额定值	5A	3.3	零序反时限最小时间	9.9S
1.5	PT一次额定值	220kV	3.4	不一致零负序电流定值	0.25A
1.6	通道类型	复用光纤	3.5	三相不一致保护时间	2.50s
2	保护定值		3.6	CT断线差动电流定值	99A
2.1	变化量启动电流定值	0.4A	3.7	对侧电抗器阻抗定值	1800Ω
2.2	零序启动电流定值	0.4A	3.8	对侧中性点电抗器阻抗定值	1800Ω
2.3	差动作电流定值	0.8A	3.9	快速距离阻抗定值	1.3Ω
2.4	本侧识别码	26103	3.10	零序电抗补偿系数KX	0.5
2.5	对侧识别码	27103	3.11	零序电阻补偿系数KR	1.6
2.6	线路正序阻抗定值	1.9Ω	4	保护控制字	
2.7	线路正序灵敏角	80°	4.1	纵联差动保护	1
2.8	线路零序阻抗定值	4.9Ω	4.2	CT断线闭锁差功	1
2.9	线路零序灵敏角	78°	4.3	通信内时钟	1
2.10	线路正序容抗定值	116Ω	4.4	电压取线路PT电压	0
2.11	线路零序容抗定值	168Ω	4.5	振荡闭锁元件	1
2.12	线路总长度	30km	4.6	距离保护Ⅰ段	1
2.13	接地距离Ⅰ段值	1.3Ω	4.7	距离保护Ⅱ段	1
2.14	接地距离Ⅱ段值	3.4Ω	4.8	距离保护Ⅲ段	1
2.15	接地距离Ⅱ段时间	1s	4.9	零序电流保护	1
2.16	接地距离Ⅲ段值	17Ω	4.10	零序过流Ⅲ段方向	0
2.17	接地距离Ⅲ段时间	4s	4.11	三相跳闸方式	0
2.18	相间距离Ⅰ段值	1.3Ω	4.12	重合闸检同期方式	1
2.19	相间距离Ⅱ段值	3.4Ω	4.13	重合闸检无压方式	0
2.20	相间距离Ⅱ段时间	1s	4.14	Ⅱ段保护闭锁重合闸	0
2.21	相间距离Ⅲ段值	17Ω	4.15	多相故障闭锁重合闸	1
2.22	相间距离Ⅲ段时间	5.5s	4.16	单相重合闸	1
2.23	负荷限制电阻值	8Ω	4.17	三相重合闸	0
2.24	零序过流Ⅱ段值	12A	4.18	禁止重合闸	0
2.25	零序过流Ⅱ段时间	1.3s	4.19	停用重合闸	0
2.26	零序过流Ⅲ段值	0.48A	5	自定义保护控制字	
2.27	零序过流Ⅲ段时间	4s	5.1	快速距离保护	1
2.28	零序过流加速段定值	0.48A	5.2	电流补偿	0
2.29	PT断线相过流值	4A	5.3	零序反时限	0
2.30	PT断线零序过流定值	0.48A	5.4	三相不一致保护	0
2.31	PT断线过流时间	1.3s	5.5	不一致经零负序电流	0
2.32	单相重合闸时间	1s	5.6	单相TWJ启动重合闸	1
2.33	三相重合闸时间	9s	5.7	三相TWJ启动重合闸	0
2.34	同期合闸角	20°	5.8	单相重合闸检线路有压	0
2.35	电抗器阻抗定值	1800	6	软压板	
2.36	中性点电抗器阻抗定值	1800	6.1	纵联差动保护	1
3	自定义保护定值		6.2	停用重合闸	0

备注：两套保护均投单相重合闸，正常运行方式下1号、2号重合闸　
本线路开关机构三相不一致保护时间按2.5秒设定。

保护定值计算专用章

计算人：		校核人：		批准人：	
下令人：		执行人：		执行时间：	

图3-19　智能变电站定值单图例

6．检查1号主变压器保护屏1号主变压器差动保护装置110kV内桥112开关直跳出口软压板变位正确

7．投入1号主变压器保护屏1号主变压器差动保护装置检修投退1KLP1硬压板

8．检查1号主变压器保护屏1号主变压器差动保护装置检修投退1KLP1硬压板开入量正常

9．整定1号主变压器保护屏1号主变压器差动保护定值及控制字与110kV××站××号定值通知单一致

10．打印1号主变压器保护屏1号主变压器差动保护定值单并核对无误

11．退出1号主变压器保护屏1号主变压器差动保护装置检修投退1KLP1硬压板

12．检查1号主变压器保护屏1号主变压器差动保护无异常信号

13．投入1号主变压器保护屏1号主变压器差动保护装置××一线151开关直跳出口软压板

14．检查1号主变压器保护屏1号主变压器差动保护装置××一线151开关直跳出口软压板变位正确

15．投入1号主变压器保护屏1号主变压器差动保护装置1号主变压器901开关直跳出口软压板

16．检查1号主变压器保护屏1号主变压器差动保护装置1号主变压器901开关直跳出口软压板变位正确

17．投入1号主变压器保护屏1号主变压器差动保护装置110kV内桥112开关直跳出口软压板

18．检查1号主变压器保护屏1号主变压器差动保护装置110kV内桥112开关直跳出口软压板变位正确

［第17、18项解析］操作保护装置、合并单元、智能终端等装置检修硬压板后，应查看装置指示灯、人机界面变位报文或开入变位等情况，同时核查相关运行装置是否出现非预期信号，确认正常后方可执行后续操作。

三、实例三

（一）操作任务

退出110kV备用电源自投装置（装置无检修工作）。

（二）操作要点

备自投装置无工作时，为配合一次工作调度下令退出备自投时，可只投入装置的闭锁备自投压板，需要注意的是，部分装置的闭锁压板分为闭锁桥备投和进线备投，操作时也应投入。

（三）操作票

1. 检查110kV母联112开关保护测控屏110kV备用电源自投装置无异常信号

2. 投入110kV母联112开关保护测控屏110kV备用电源自投装置闭锁备投总软压板

3. 检查110kV母联112开关保护测控屏110kV备用电源自投装置闭锁备投总软压板变位正确

4. 检查110kV母联112开关保护测控屏110kV备用电源自投装置备自投功能已放电

四、实例四

（一）操作任务

退出110kV备用电源自投装置（装置有检修工作）。

（二）操作要点

备自投装置故障或有工作时，应退出装置的所有功能及跳/合闸压板，并投入闭锁备自投压板。

（三）操作票

1. 退出110kV内桥保护测控及备自投屏××一线151开关网跳出口软压板

2. 检查110kV内桥保护测控及备自投屏××一线151开关网跳出口软压板变位正确

3. 退出110kV内桥保护测控及备自投屏××一线152开关网跳出口软压板

4. 检查110kV内桥保护测控及备自投屏××一线152开关网跳出口软压板变位正确

5. 退出110kV内桥保护测控及备自投屏110kV内桥112开关网跳出口软压板

6. 检查110kV内桥保护测控及备自投屏110kV内桥112开关网跳出口软压板变位正确

7. 退出110kV内桥保护测控及备自投屏××一线151开关网合出口软压板

8. 检查110kV内桥保护测控及备自投屏××一线151开关网合出口软压板变位正确

9. 退出110kV内桥保护测控及备自投屏××一线152开关网合出口软压板

10. 检查110kV内桥保护测控及备自投屏××一线152开关网合出口软压板变位正确

11. 退出110kV内桥保护测控及备自投屏110kV内桥112开关网合出口软压板

12. 检查110kV内桥保护测控及备自投屏110kV内桥112开关网合出口软压板变位正确

13. 退出110kV内桥保护测控及备自投屏××一线151开关自投软压板

14. 检查110kV内桥保护测控及备自投屏××一线151开关自投软压板变位正确

15. 退出110kV内桥保护测控及备自投屏××二线152开关自投软压板

16. 检查110kV内桥保护测控及备自投屏××二线152开关自投软压板变位正确

17. 退出110kV内桥保护测控及备自投屏110kV内桥112开关自投软压板

18. 检查110kV内桥保护测控及备自投屏110kV内桥112开关自投软压板变位正确

19. 检查110kV母联112开关保护测控屏110kV备用电源自投装置无异常信号

20. 投入110kV母联112开关保护测控屏110kV备用电源自投装置闭锁备投总软压板

［第20项解析］若部分备自投装置分闭锁桥备自投或闭锁进线备自投软（硬）压板，则应将所有闭锁压板投入，本例只有闭锁总备投软压板，因此只将其投入即可。

21. 检查110kV母联112开关保护测控屏110kV备用电源自投装置闭锁备投总软压板变位正确

22. 检查110kV母联112开关保护测控屏110kV备用电源自投装置备自投功能已放电

第四章
智能装置巡视与异常告警解析

智能变电站中，对智能装置的巡视是运维人员日常工作的重要组成部分。由于采用了智能终端、合并单元等智能组件，特殊的数据传输方式以及"三层两网"的网络结构，智能变电站的告警信息与常规变电站有所不同，对这部分告警信息的巡视与认识是运维人员的重要工作。本章主要介绍了智能变电站智能组件的巡视要点以及常见的异常告警信息，包括与常规变电站相似的告警信息和智能变电站特有的断链信息。

第一节　智能装置巡视

智能装置的巡视主要包括外观、光纤、压板、信号指示灯和标签标识5方面内容。

一、智能终端

（1）外观正常，无异常发热，空气开关都应在合位，电源及各种指示灯正常，无告警。

（2）智能终端前面板断路器（开关）、隔离开关（刀闸）位置指示灯与实际状态一致。

（3）正常运行时，装置检修硬压板在退出位置。

（4）正常运行时，变压器本体智能终端，非电量保护功能压板、非电量保护跳闸压板应在投入位置。

（5）装置上硬压板及转换开关位置应与运行要求一致，闲置及备用压板已摘除。

（6）检查光纤是否连接正确、牢固，有无光纤损坏、弯折现象；检查光纤接头（含光纤配线架侧）是否完全旋进或插牢，无虚接现象；检查光纤标号是否正确，网线接口是否可靠；检查备用芯和备用光口防尘帽是否无破裂、脱落，密封是否良好。

（7）屏柜二次电缆接线正确，端子接触良好、编号清晰、正确。

（8）智能终端不带电金属部分应在电气上连成一体，具备可靠接地端子，并应有相应的标识。

二、合并单元

（1）外观正常，无异常发热，装置运行状态、通道状态、对时同步灯、GOOSE通信灯等指示灯指示正常，电压切换指示灯与实际隔离开关运行位置指示一致，其他告警或故障灯都熄灭。

（2）正常运行时，应检查合并单元检修硬压板在退出位置。

（3）一次设备运行时，严禁将单套配置的合并单元退出运行，否则将造成相应电压、电流采样数据失去，引起保护误动或闭锁。

（4）双母线接线，双套配置的母线电压合并单元并列把手应保持一致，且电压并列把手位置应与监控系统显示一致。

（5）母线合并单元上的母线隔离开关位置指示灯指示正确。

（6）检查光纤是否连接正确、牢固，有无光纤损坏、弯折现象；检查光纤接头（含光纤配线架侧）是否完全旋进或插牢，无虚接现象；检查光纤标号是否正确，网线接口是否可靠；检查备用芯和备用光口防尘帽是否无破裂、脱落，密封是否良好。

（7）模拟量输入式合并单元电流端子排测温检查正常。

（8）电子式互感器合并单元输入无异常。

（9）屏柜二次电缆接线正确；电流、电压端子接触良好，编号清晰、正确。

三、保护装置

（1）保护装置外壳应保持清洁，外盖无松动、破损、裂纹现象。

（2）保护装置工作状态应正常，液晶面板和各指示灯显示正常，无异常响声、冒烟、烧焦气味，面板无模糊。

（3）保护装置面板循环显示的运行参数、定值区均正确。

（4）核对保护装置液晶面板显示时间，对时应正常。

（5）保护装置应无异常告警或报文，无可能导致装置不正确动作的信号或报文，如SV采样数据异常、SV链路中断、GOOSE数据异常、GOOSE链路中断、通信故障、插件异常、对时异常、重合整定方式出错、通道故障、TA断线、TV断线、开入异常、差流越限、长期有差流、投入状态不一致、装置长期启动、复合电压开放、定值校验错误等。应加强记录与分析，如发现问题应及时通知检修人员，并向主管部门汇报。

（6）定期用红外热成像仪进行测温检查，重点检查并记录保护装置背板插件、光纤接口和直流回路空开等温度；光纤接口的运行温度不应高于60℃。

（7）检查各光纤接口、网线接口应连接正常，网线端口处通信闪烁灯正常，尾纤、网线无破损和弯折。

（8）检查保护装置软、硬压板应投退正确，重点核对保护功能、SV接收、GOOSE接收和发送等软压板。

（9）若需要对保护屏柜及光纤回路进行清扫，必须做好相应的安全措施，避免因清扫工作造成回路通信故障。

（10）智能变电站继电保护及安全自动装置的运行环境温度应保持在5～30℃；设备运行环境湿度大于65%时，应开启空调进行除湿。

（11）检查打印机是否处于正常的打印状态，打印纸是否充足，对异常情况应及时处理。

四、监控后台机

（1）监控主备机信息一致，主要包括图形、告警信息、潮流和历史曲线等信息。

（2）在监控主机网络通信状态拓扑图中检查站控层网络、GOOSE链路、SV链路通信状态应正常。

（3）监控主机遥测、遥信信息实时性和准确性满足要求。

（4）监控主机工作正常，无通信中断、死机、异音、过热、黑屏等异常现象。

（5）监控主机同步对时正常。

五、交换机

（1）交换机正常工作时运行灯常亮，电源灯常亮。有光纤接入的光口，前面板上其对应的指示灯和通信灯常亮、工作灯闪烁、其他灯熄灭。

（2）如果告警灯亮，需要检查与本交换机相连的所有保护、测控、电能表、合并单元和智能终端等装置光纤是否完好，SV、GOOSE和MMS通信是否正常，后台是否有其他告警信息。如果不正常，通知检修人员处理。

（3）检查监控系统中变电站网络通信状态正常。

（4）使用网络报文分析仪检查网络中IED的通信状态正常。

（5）检查交换机散热良好，确保交换机不过热运行。

六、网络报文分析装置及故障录波装置

（1）外观正常，液晶显示画面正常，空气开关都应在合位，无异常发热，电源及网络报文记录装置上运行灯、对时灯和硬盘灯正常，无告警。

（2）正常运行时，能够进行变电站网络通信状态的在线监视和状态评估功能，并能实时显示动态SV数据和GOOSE开关量信息。

（3）网络报文记录装置光口所接光纤的标签、标识是否正确完备。

（4）定期检查网络报文分析仪的报文记录功能正常。

第二节　智能装置面板信息

智能变电站的智能终端、合并单元、保护装置和测控装置具有自检功能，能够实时监视自身软硬件及通信状态。发生异常时，装置指示灯将有相应显示，并报出告警信息。智能终端、合并单元、保护装置和测控装置出现异常后，运维人员应立即检查并记录装置指示灯与告警信息，判断影响范围和故障部位，采取有效防范措施，及时汇报调度并通知检修人员到站处理。运维人员应学会分析和处理异常告警信息，尤其要重视运行中反复出现并自行复归的异常告警信息，防止设备异常带来的安全隐患。

一、智能终端

智能终端面板信号指示灯如图4-1所示。

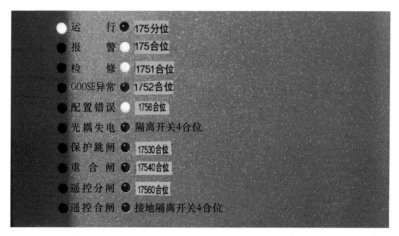

图4-1　智能终端面板指示灯

（1）"运行"指示灯亮表示智能终端处于带电运行状态。装置未上电、装置闭锁或正常运行中检测到装置的严重故障时熄灭。

（2）"报警"指示灯亮表示智能终端出现异常。当智能终端出现控制回路断线、GPS时钟源异常、断路器压力异常、光耦失电、GOOSE断链等情况时，智能终端"报警"指示灯会点亮。运维人员可先通过"复归"按钮复归装置告警，如无法复归则在监控后台及保护装置面板上查看具体告警信息后报告调度并通知检修人员到站处理。

（3）"检修"指示灯亮表示智能终端处于检修状态。当智能终端检修硬压板投入后，装置所发送的报文含检修标识，当发送的报文与接收装置自身检修状态不一致时，此报文数据不进入接收装置的逻辑运算和指令执行，实现检修装置与运行装置的安全隔离。

（4）"GOOSE异常"指示灯亮表示智能终端GOOSE通信异常。当装置接收GOOSE报文异常时点亮。智能终端接收的GOOSE报文是来自测控装置和保护装置的跳合闸动作指令，当智能终端GOOSE异常时，装置无法接收这两类报文，保护和测控装置无法通过智能终端控制一次设备的操作。因此运维人员要检查相关测控和保护装置信息后报告调度并通知检修人员到站处理。

（5）"配置错误"指示灯亮表示通信双方的GOOSE配置内容不一致。影响智能终端正常运行，运维人员要检查监控后台和相关保护测控装置信息后报告调度并通知检修人员到站处理。

（6）"光耦失电"指示灯亮表示智能终端遥信电源丢失，智能终端无法监测到本间隔设备的状态，失去遥信功能。通常是由遥信电源空开跳闸或遥信电源回路断线引起的。"光耦失电"指示灯亮后，运维人员需观察并记录设备型号和间隔后报告调度并通知检修人员到站处理。

（7）"保护跳闸"指示灯亮表示保护装置动作跳闸。与该智能终端相关联的保护装置动作后，会点亮装置面板上的保护动作信号灯。运维人员需立即检查相关一次设备状态和保护装置动作情况，记录监控后台和保护装置的告警信息后报告调度。

（8）"重合闸"指示灯亮表示保护重合闸动作，与该智能终端相关联的保护装置重合闸动作后，会点亮装置面板上的"重合闸"指示灯。运维人员需立即检查相关一次设备状态和保护装置动作情况，记录监控后台和保护装置的告警信息后报告调度。

（9）"遥控分/合闸"指示灯表示测控装置发送的断路器遥控分/合闸命令到达智能终端。

（10）"××断路器合位/分位"指示灯表示该间隔断路器的位置状态。

（11）"××隔离开关/接地隔离开关合位"指示灯表示该间隔隔离开关/接地隔离开关的位置状态。该隔离开关/接地隔离开关合位时点亮，分位时熄灭。

二、合并单元

合并单元面板信号指示灯如图4-2所示。

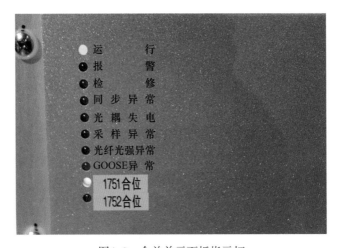

图4-2　合并单元面板指示灯

（1）"运行"指示灯亮表示合并单元处于带电运行状态。装置未上电、装置闭锁或正常运行时检测到装置的严重故障时熄灭。

（2）"报警"指示灯亮表示合并单元出现异常，或有GOOSE、SV告警。当合并单元出现丢帧、采样异常、光纤光强异常、隔离开关位置异常等情况时，合并单元"报警"指示灯会点亮。运维人员应在监控后台及保护装置面板上查看具体告警信息后报告调度并通知检修人员到站处理。

（3）"同步异常"指示灯亮表示合并单元未对时。通常是由站内对时装置异常或合并单元对时回路异常引起。同步异常不影响直接采样的保护，但会影响跨间隔网络采样的保护。运维人员需要查看监控后台机，报告调度并通知检修人员到站处理。若同时有多个间隔发"同步异常"告警，则查看站内对时装置运行状态是否正常；如只有单个装置发"同步异常"告警，则由检修人员检查该装置对时回路是否正常。

（4）"采样异常"指示灯。采用常规互感器的合并单元通常会通过与母线合并单元级联的方式来采集母线电压，因此，线路合并单元"采样异常"指示灯亮表示线路合并单元接收母线合并单元的母线电压数据异常，会闭锁线路保护中与母线电压有关的保护，对于采用电子式互感器的合并单元会闭锁所有相关保护。在监控后台及保护装置上查看具体告警信息后报告调度并通知检修人员到站处理。

（5）"光纤光强异常"指示灯。对于采用常规互感器的合并单元通常表示线路合并单元接收母线合并单元的光纤接收电平不在设定值范围内，影响合并单元对母线电压的采集，会闭锁线路保护中与母线电压有关的保护，对于采用电子式互感器的合并单元会闭锁所有相关保护。在监控后台及保护装置上查看具体告警信息后报告调度并通知检修人员到站处理。

（6）"GOOSE异常"指示灯亮表示GOOSE通信异常，通常是接收GOOSE报文异常。合并单元接收的GOOSE报文主要是来自相应智能终端采集的母线隔离开关位置信号，以此来判定线路运行于哪段母线，向保护装置发送对应母线电压数据，当合并单元"GOOSE异常"指示灯亮时会影响合并单元对母线隔离开关位置的判断。运维人员在监控后台及保护装置上查看具体告警信息后报告调度并通知检修人员到站处理。

（7）"××隔离开关合位"指示灯表示该间隔母线隔离开关的位置状态。母线隔离开关合位时点亮，分位时熄灭。

三、保护装置

保护装置面板信号指示灯如图4-3所示。

图4-3　保护装置面板指示灯

（1）"运行"指示灯亮表示保护装置处于带电运行状态。装置未上电或闭锁时熄灭。

（2）"报警"指示灯亮表示保护装置出现异常。当保护装置自检异常时，如通道异常、TV断线等情况时，"报警"指示灯会点亮。通过"复归"按钮复归装置告警，如无法复归则在监控后台及保护装置面板上查看具体告警信息后报告调度并通知检修人员到站处理。

（3）"TV断线"指示灯亮表示保护装置检测到母线TV断线。当保护装置发"TV断线"告警信号时，运维人员应到现场对设备进行检查。如挂于同一母线的所有线路保护装置均发"TV断线"信号，应立即检查母线TV空气开关是否跳闸，如单一间隔报此信号应检查合并单元是否异常。如不能消除该报警应立即报告调度并通知检修人员到站处理。

（4）"充电完成"指示灯亮表示重合闸充电完成。重合闸充电在正常运行时进行，在重合闸投入、无跳位继电器、无压力低闭重输入、无TV断线放电或其他闭重输入的情况下，重合闸经一定延时后充电完成。

（5）"通道1/2异常"指示灯亮表示线路保护装置相应的纵联通道故障。当线路保护装置发"通道异常"告警信号时，运维人员应到现场检查线路保护装置是否为已投运状态，若为备用间隔，纵联通道尚未接通，此信号发出属正常情况。如不能确定故障原因，应立即报告调度并通知检修人员到站处理。

（6）"A/B/C相跳闸"指示灯亮表示保护装置动作跳闸。保护动作出口跳闸时点亮，在信号复归后熄灭。运维人员需立即检查相关一次设备状态和保护装置动作情况，记录监控后台和保护装置的告警信息后报告调度。

（7）"重合闸"指示灯亮表示保护重合闸动作。重合闸动作时点亮，在信号复归后熄灭。运维人员需立即检查相关一次设备状态和保护装置动作情况，记录监控后台和保护装置的告警信息后报告调度。

第三节　断链信息

与常规变电站不同，智能变电站增加了监视虚拟二次回路完好性的信号，主要包括GOOSE直采断链、SV直采断链和组网断链三大类。当某一条光纤链路断链时，会由接收此链路数据的装置发出相应的信号，如当线路合并单元到线路保护装置的SV直采光纤断链时，线路保护会发出"线路保护收线路合并单元SV直采断链"的信号，220kV线路间隔完整的断链信号如图4-4所示。根据接收装置不同，可以简单划分为智能终端、合并单元、保护装置和测控装置的断链信息。

图4-4　220kV线路间隔断链信号图

一、断链信息处理原则

（一）明确断链信号涉及的两个智能组件

若有断链信号发生，必定涉及两个智能组件。通常，GOOSE直跳断链涉及保护装置和智能终端，SV直采断链涉及保护装置和合并单元，组网断链根据具体信号特征涉及保护装置和保护装置，或涉及测控装置和智能终端，或涉及测控装置和合并单元。

（二）明确断链信号涉及的链路性质

按照报文种类来分，链路可分为GOOSE链路和SV链路两大类，GOOSE链路传递的是跳闸指令、闭锁开入、失灵开入和告警信号等GOOSE报文，SV链路传递的是一次设备的电压、电流数据；按照光纤性质来分，链路可分为直跳链路、直采链路和组网链路三大类，直跳链路用于保护装置和智能终端之间的数据传递，直采链路用于保护装置和合并单元之间的数据传递，组网链路用于所有设备发送至过程层网络的数据传递。

（三）判断断链信号造成的影响

通常链路发生断链之后，由接收链路数据的装置发出断链信号，并且接收装置的部分功能会被闭锁。在明确了断链链路的性质之后，运维人员可以根据这条链路上所传递的具体数据以及数据传递方向来分析受影响的装置和功能。常见的有GOOSE直跳断链会导致智能终端拒动，无法出口；SV直采断链导致保护装置某些功能闭锁，视数据本身属性和装置的情况而定；组网断链对不同保护装置之间、保护装置与智能终端等设备之间的功能配合产生影响。

运维人员需在监控后台及网络分析装置上查看具体告警信息，确定告警光纤回路和具体原因后立即报告调度并通知检修人员到站处理，由检修人员检查相应的光纤链路是否正常。

二、智能终端

（一）智能终端收保护装置直跳GOOSE断链

智能终端接收保护装置的GOOSE链路中断，如图4-5所示。智能终端无法接收保护装置发出的跳闸和重合闸指令。

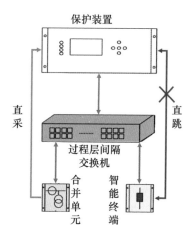

图4-5　智能终端接收保护装置直跳GOOSE断链

（二）智能终端收测控装置组网GOOSE断链

　　智能终端接收测控装置的GOOSE链路中断，如图4-6所示。智能终端无法接收测控装置下达的操作指令，闭锁遥控和经测控的就地操作功能。

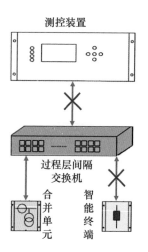

图4-6　智能终端接收测控装置组网GOOSE断链

三、合并单元

（一）合并单元收智能终端组网GOOSE断链

　　合并单元接收智能终端的GOOSE链路中断，如图4-7所示。合并单元无法接收智能终端发送的母线隔离开关位置，影响合并单元对线路保护发送正确的母线电压数据。

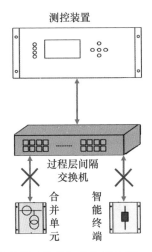

图4-7　合并单元接收智能终端组网GOOSE断链

（二）线路合并单元收母线合并单元直采SV断链

线路合并单元接收母线合并单元的SV链路中断，如图4-8所示。线路合并单元无法接收母线合并单元发送的母线电压数据，闭锁线路保护与母线电压有关的功能，如距离保护、方向元件等。运维人员应检查线路合并单元与母线合并单元相连的级联光纤。

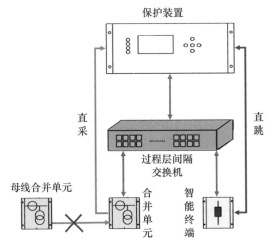

图4-8　线路合并单元接收母线合并单元直采SV断链

四、保护装置

（一）线路保护装置收线路合并单元直采SV断链

线路保护装置接收线路合并单元的SV链路中断，如图4-9所示。保护装置无法接收线路合并单元发送的电压、电流数据，闭锁保护装置所有功能（主变压器保护与主变压器三侧开关合并单元同理）。

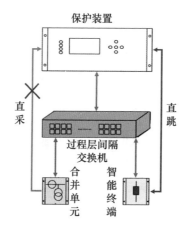

图4-9 线路保护装置接收线路合并单元直采SV断链

（二）母线保护装置收母线合并单元直采SV断链

母线保护装置接收母线合并单元的SV链路中断，如图4-10所示。母线保护装置无法接收母线合并单元发送的母线电压数据，开放母线保护复压闭锁功能。

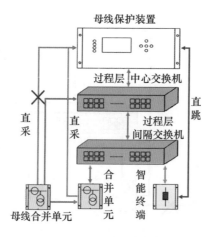

图4-10 母线保护装置接收母线合并单元直采SV断链

（三）保护装置收智能终端直跳GOOSE断链

保护装置接收智能终端的GOOSE链路中断，如图4-11所示。保护装置无法接收智能终端发送的开关隔离开关位置和闭锁重合闸开入，影响部分保护逻辑和重合闸功能。

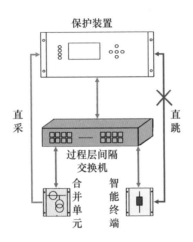

图4-11　保护装置收智能终端直跳GOOSE断链

（四）线路保护装置收母线保护装置组网GOOSE断链

线路保护装置接收母线保护装置的GOOSE链路中断，如图4-12所示。线路保护装置无法接收母线保护动作后发送的闭锁重合闸及远跳开入信号，影响线路重合闸和远跳逻辑。

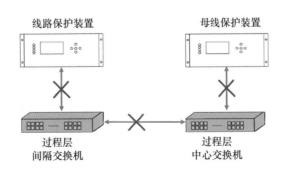

图4-12　线路保护装置收母线保护装置组网GOOSE断链

（五）母线保护装置收线路保护装置组网GOOSE断链

母线保护装置接收线路保护装置的GOOSE链路中断，如图4-13所示。母线保护装置无法接收线路保护动作后发送的启动失灵开入，影响失灵保护逻辑。

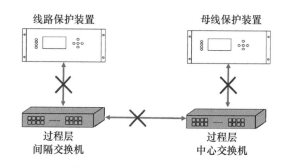

图4-13　母线保护装置收线路保护装置组网GOOSE断链

（六）主变压器保护装置收母线保护装置组网GOOSE断链

主变压器保护装置接收母线保护装置的GOOSE链路中断，如图4-14所示。主变压器保护装置无法接收母线保护动作后发送的失灵联跳开入，影响失灵联跳逻辑。

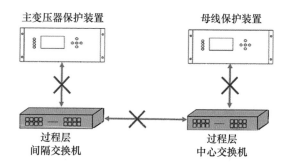

图4-14　主变压器保护装置收母线保护装置组网GOOSE断链

（七）主变压器保护装置收本体合并单元直采SV断链

主变压器后备保护装置接收本体合并单元的SV链路中断，如图4-15所示。若主变压器高、中压侧配置了单独的开关合并单元，则本体合并单元只采集主变压器中性点套管TA和间隙TA电流数据，此时闭锁该侧后备保护中的采用外接零序和间隙电流的保护；若主变压器高、中压侧未配置单独的开关合并单元，则本体合并单元同时采集主变压器中性点套管TA、间隙TA和三相套管TA电流数据，此时闭锁该侧所有后备保护。

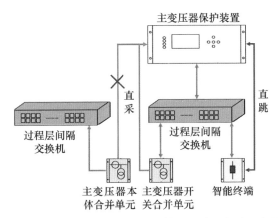

图4-15 主变压器保护装置收本体合并单元直采SV断链

五、测控装置

（一）测控装置收智能终端组网GOOSE断链

测控装置接收智能终端的GOOSE链路中断，如图4-16所示。测控装置无法接收智能终端发送的开关隔离开关位置和间隔告警信号，监控后台该间隔位置状态不刷新，影响后台机对该间隔运行状态的监控。

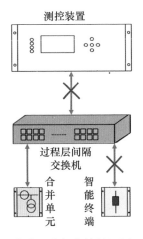

图4-16 测控装置收智能终端组网GOOSE断链

（二）测控装置收合并单元组网SV断链

测控装置接收合并单元的SV链路中断，如图4-17所示。测控装置无法接收合并单元发送的线路电压、电流数据，监控后台该线路遥测量不刷新，影响后台机对线路遥测量的监控。

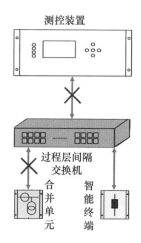

图4-17　测控装置收合并单元组网SV断链

第四节　其他告警信息

监控后台机是运维人员接触较多的一种信息窗口，运维人员可以通过监控后台机了解站内所有设备的运行情况。除了装置面板上的告警信息外，大多数告警信息都会通过过程层网络上传到监控后台机，通过后台的光字牌反映出来，智能变电站也有很多与常规变电站相同的告警信息，如图4-18～图4-20所示，运维人员也应对其熟悉并掌握。

一、智能终端

（1）控制回路断线表示智能终端控制回路断线，智能终端无法控制断路器分合。若运行中监控后台收到"控制回路断线"信号，运维人员应检查相关智能终端操作电源及装置电源空气开关是否跳闸、断路器机构弹簧是否未储能、断路

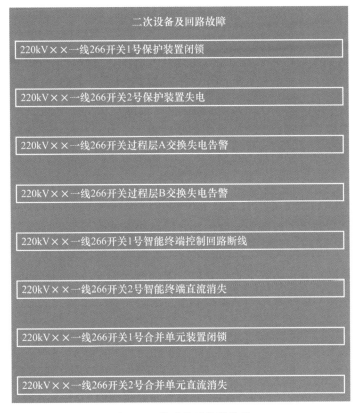

图4-18　典型其他告警信号

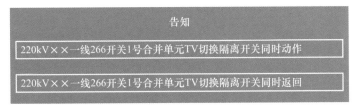

图4-19　合并单元隔离开关切换同时动作/同时返回

图4-20　保护装置对时异常

器六氟化硫（SF$_6$）压力是否降低导致闭锁，随后报告调度并通知检修人员到站处理。

（2）事故总信号表示保护动作跳闸或开关偷跳。事故总信号由间隔智能终端提供的断路器跳闸位置信号（或TWJ）和合后位置接点（或KKJ）信号串接生成，当断路器在保护跳闸或偷跳后，断路器的合后位置接点与跳闸位置接点同时接通，会发出事故总信号。运维人员应到站检查一、二次设备动作情况，并报告调度。通常调度人员将跳闸开关重新手合后，跳闸位置继电器复归，事故总信号也相应复归。

（3）GOOSE总告警表示智能终端接收保护装置或至测控装置GOOSE链路异常。当智能终端到保护或测控装置的接收链路中断或数据无效时会报"GOOSE总告警"，通常会使保护或测控装置的跳合闸（遥控）命令无法出口。运维人员需在监控后台及网络分析装置上查看具体告警信息，确定告警光纤回路和具体原因后报告调度并通知检修人员到站处理。

二、合并单元

（1）GOOSE总告警表示合并单元接收智能终端的GOOSE链路异常。当合并单元到智能终端的接收链路中断或数据无效时会报"GOOSE 总告警"，影响合并单元对线路母线隔离开关位置的判断。运维人员需在监控后台及网络分析装置上查看具体告警信息，确定告警光纤回路和具体原因后报告调度并通知检修人员到站处理。

（2）SV总告警表示线路合并单元接收母线合并单元的SV链路异常。当线路合并单元到母线合并单元的接收链路中断、数据无效或采样失步时会报"SV总告警"，影响合并单元对母线电压的采集，通常会闭锁线路保护中与母线电压相关的功能。运维人员需在监控后台及网络分析装置上查看具体告警信息，确定告警光纤回路和具体原因后报告调度并通知检修人员到站处理。

（3）电压切换同时动作/返回表示合并单元接收智能终端两把母线隔离开关可能同时在合位/分位。在正常的隔离开关操作过程中，由于倒母线时两把母线隔离开关双跨或者将开关转冷备用状态之后两把母线隔离开关均在分位，此信号会正常发出。运维人员需到现场查看智能终端隔离开关位置指示灯以及隔离开关机械指示是否正确，确定此信号是否为正常发出。

三、保护装置

（1）TV断线表示保护装置检测到母线TV断线。当保护装置发"TV断线"告警信号时，运维人员应到现场对设备进行检查。若挂于同一母线的所有线路保护装置均发"TV断线"信号，应立即检查母线TV空气开关是否跳闸；若单一间隔报此信号应检查合并单元是否异常；若不能消除该报警应立即报告调度并通知检修人员到站处理。

（2）TA断线表示保护装置检测到TA断线。当保护装置发"TA断线"告警信号时，运维人员应到现场检查合并单元是否有异常，并从线路保护、主变压器保护、监控后台对该间隔电流进行核对。若仅某一设备有异常，应检查合并单元相应的光纤端口；若所有设备的采样数据均异常，应立即报告调度并通知检修人员到站处理。

（3）通道异常表示线路保护装置纵联通道异常。当线路保护装置发"通道异常"告警信号时，运维人员应到现场检查线路保护装置是否为已投运状态。若为备用间隔，纵联通道尚未接通，此信号发出属正常情况；若不能确定异常原因，应立即报告调度并通知检修人员到站处理。

（4）对时异常表示保护装置未接上同步时钟。当站内对时装置故障或保护装置对时回路异常时会报"对时异常"。与合并单元不同，保护装置的对时异常不会影响保护装置自身的保护功能，仅影响对时功能。运维人员应查看监控后台，报告调度并通知检修人员到站处理。若同时有多个间隔发"对时异常"告警，则查看站内对时装置运行状态是否异常；若只有单个装置发"对时异常"告警，则由检修人员检查该装置对时回路是否异常。

（5）SV总告警表示保护装置接收合并单元的SV链路异常。当保护装置到合并单元的接收链路中断、数据无效或采样失步时会报"SV总告警"，影响保护装置对电压、电流数据的采集，会闭锁部分保护。运维人员应在监控后台及网络分析装置上查看具体告警信息，确定告警光纤回路和具体原因后报告调度并通知检修人员到站处理。

（6）GOOSE总告警表示保护装置接收其他装置的GOOSE链路异常。当保护装置至其他装置的GOOSE接收链路中断或数据无效时会报"GOOSE总告警"，影响保护装置接收其他装置的GOOSE报文，如母差保护收线路保护的失灵开入、线路保护收智能终端的开关隔离开关位置等。运维人员应在监控后台及网络分析装置上查看具体告警信息,确定告警光纤回路和具体原因后报告调度并通知检修人员到站处理。

(7)采样异常表示保护装置接收合并单元的SV数据异常。当合并单元、保护装置异常或配置错误、SV链路延时异常、数据超时等会报"采样异常"信号,并闭锁保护。运维人员应在监控后台及保护装置上查看具体告警信息,确定告警光纤回路和具体原因后报告调度并通知检修人员到站处理。

四、其他信息

(1)SF$_6$气压低告警表示GIS设备气室SF$_6$压力低于告警值。由于SF$_6$压力降低,压力(密度)继电器动作,监控后台会发出"SF$_6$气压低报警"信号。如果SF$_6$压力继续降低,将造成断路器分合闸闭锁。主要原因有:①断路器有泄漏点,压力降低到告警值;②压力(密度)继电器损坏;③回路故障;④根据SF$_6$压力温度曲线,温度变化时,SF$_6$压力值变化。当运行中出现"SF$_6$气压低告警"信号时,运维人员在进入GIS室时应注意SF$_6$监测仪是否报警,并将GIS室通风15min,再到断路器机构箱处检查SF$_6$气压表指示值是否正常。如果确是压力正常,则可能是信号误发;如果确是压力偏低,应尽快报告调度并通知检修人员到站处理。

(2)SF$_6$气压低闭锁表示GIS设备气室SF$_6$压力低于闭锁值。当断路器气室SF$_6$压力数值低于闭锁值,压力(密度)继电器动作,监控后台会发出"SF$_6$气压低闭锁"信号。如果断路器分合闸闭锁,此时与本断路器有关的设备故障,断路器拒动,断路器失灵保护出口,扩大事故停电范围。主要原因有:①断路器有泄漏点,压力降低到闭锁值;②压力(密度)继电器损坏;③回路故障;④根据SF$_6$压力温度曲线,温度变化时,SF$_6$压力值变化。当运行中出现"SF$_6$气压低闭锁"信号时,运维人员首先应断开该开关的操作电源二次空气开关,进入GIS室时应注意SF$_6$监测仪是否报警,并将GIS室通风15min,再到断路器机构箱处检查SF$_6$气压表指示值是否正常。如果确是压力正常,则有可能是信号误发;如果确是压力偏低,则会闭锁开关分合闸操作,应尽快报告调度并通知检修人员到站处理。

(3)智能控制柜直流消失表示GIS智能控制柜直流电源消失。GIS智能控制柜由于短路等原因造成直流空气开关断开,此时监控后台会同步发出"控制回路断线"信号,断路器无法进行操作,保护装置动作出口后断路器拒动。运维人员应立即到站检查相关告警信息,汇报调度并通知检修人员到站处理,使其尽快恢复正常。

（4）智能控制柜交流消失表示GIS智能控制柜交流电源消失。GIS智能控制柜的照明、加热器电源均为交流电源，当GIS智能控制柜交流空气开关断开，会造成照明电源、加热器失电。当"交流电源消失"信号发出时，运维人员应立即到站检查，汇报调度并通知检修人员到站处理。

（5）智能控制柜电气联锁解除表示该间隔开关、隔离开关之间的电气闭锁条件被解除，设备可以无视"五防"规则任意操作。当"电气联锁解除"信号发出后，运维人员应立即检查智能控制柜"联锁/解锁"把手，确认把手状态。若为人员误动把手，则应立即将把手位置恢复至"联锁"状态，否则，应尽快汇报调度，通知检修人员到站处理，使其尽快恢复正常。

（6）断路器机构弹簧未储能。断路器合闸时，弹簧释放能量用以合闸，智能控制柜会短暂发出"弹簧未储能"信号，当弹簧再次储能后，该信号会自动复归，若弹簧未储能，则断路器无法再次合闸。该信号发出后，运维人员应立即到站检查，结合其他信息判断该信号是否误发。若为正确发出并长时间未自动复归，则应立即汇报调度并通知检修人员到站处理。

（7）过程层交换机失电表示智能变电站过程层交换机直流电源消失。当过程层某间隔交换机失电时，本间隔保护装置动作后无法启动母差失灵，且无法接收母差保护的远跳闭重信号（若母联间隔交换机失电，则无法接收主变压器保护联跳命令），后台无法遥控本间隔开关隔离开关，无法采集本间隔的电压电流、设备位置和告警信号，失去对本间隔设备的监控功能；当过程层中心交换机失电时，则会使监控后台无法监视母线电压以及母线TV间隔的设备位置和告警信号，无法遥控母线TV间隔隔离开关和接地隔离开关，网络分析和故障录波装置无法采集所有间隔数据，母线保护无法接收其他保护装置启动失灵信号，无法发送对线路保护的远跳闭重信号，同时使主变压器保护失去联跳母联分段开关的功能。在后台机有各间隔的链路断链信号，若发生断链信号时应先检查过程层交换机是否失电，当过程层交换机失电信号发出后，运维人员应首先观察记录监控后台告警信息，判断是间隔交换机失电还是中心交换机失电，并检查各交换机的电源空开是否跳闸，若无法解决则报告调度并通知检修人员到站处理。

第五节　告警信息处理原则

智能变电站告警信息处理原则有以下4个方面：

（1）保护装置出现异常告警信息时，应检查和记录装置运行指示灯和告警报文（不同类型保护装置报文详见附录B），根据信息内容判断异常情况对保护功能的影响，必要时应退出相应保护功能。

1）保护装置报出SV异常等相关采样告警信息时，若失去部分或全部保护功能，现场应退出相应保护或停运一次设备。同时，检查保护设备和合并单元运行状态、合并单元至保护装置的光纤链路、保护装置光纤接口等相关部件。

2）保护装置报出GOOSE异常等相关告警信息时，应先检查告警装置运行状态，判断异常产生的影响，及时采取相应控制措施，再检查发送端保护装置、智能终端以及GOOSE链路光纤等相关部件。

3）保护装置出现软、硬件异常告警时，应检查保护装置指示灯及告警报文，判断装置故障程度，若失去部分或全部保护功能，现场应退出相应保护。

（2）合并单元出现告警信息时，应检查合并单元指示灯，判断异常对相关保护装置的影响，必要时退出相应保护或停运一次设备。

1）出现同步异常时，应重点检查站内对时系统。

2）出现采样异常时，应利用网络报文记录分析装置检查合并单元发送采样值是否正常，结合相关保护装置SV告警信息进行综合判断；此外，还应检查上一级级联合并单元运行状态。

3）出现GOOSE开入量异常告警信息时，应检查GOOSE链路、相关交换机、GOOSE发送端、智能终端等设备。

（3）智能终端出现异常告警信息时，应检查智能终端指示灯，判断智能终端能否正常跳、合闸，根据结果采取相应控制措施。

1）出现GOOSE断链异常告警信息时，应检查GOOSE链路、相关交换机、GOOSE发送端保护装置等设备。

2）控制回路断线告警信息由智能终端上送到监控后台，运行中出现此信息时，应检查跳、合闸相关二次回路，通知专业人员立即处理。

（4）其他智能设备出现异常告警信息时，处理原则同保护装置。

第五章
智能变电站设备验收

　　智能变电站新建或改造工程设备安装调试完毕后，应进行严格的验收方可投入运行。验收前设备运维单位应根据相关规程、规范，结合智能变电站一、二次设备现场实际情况，并根据需要向建设单位、设备厂家征求需补充的验收内容，制定相应的验收方案。建设单位在变电站投运前应向设备运维单位提交智能装置相关的功能规范、简明操作手册及运维说明书。

　　对专业融合性较强的智能变电站设备验收，应加强各专业协同配合。如有条件，运维人员宜提前介入工程安装调试工作，结合现场安装调试，组织运维人员技术培训，掌握智能变电站运行管理要求，做好各项投运前生产准备工作。

第一节　过程层验收

　　智能变电站过程层包括变压器、断路器、隔离开关、TA/TV等一次设备及实现其智能化所属的合并单元、智能终端等智能电子设备，还包括上述组合形成的智能装置。目前，智能变电站一次设备尚未完全达到智能化，只是引入了智能终端和合并单元等智能组件，验收时，应重点加强智能组件的验收，收集智能终端和合并单元的出厂资料、设备型号，检查现场标识、压板、检修功能和现场配置等均符合相应规范要求。

一、智能终端

（一）光纤接口

　　智能终端与间隔层设备间采用光纤连接。验收时应注意智能终端背板光纤是否有明确且唯一的标识，光纤宜用颜色标识用途，直跳GOOSE用红色标识，组网

SV、GOOSE用黄色标识，备用纤芯用白色标识。

智能终端侧光纤宜按照"智能终端名称：+设备端口编号"的原则进行命名。如，266开关1号智能终端：B01.TX1。

尾纤（尾缆）标识内容应清晰反映其接口位置、走向和用途，并注明其两端设备。屏内尾纤宜按照"GO/SV+直跳/直采/网络+本侧设备光纤命名+对侧设备光纤"原则进行命名。如，GO直跳—1号线路保护（1n）：B01.TX3—266开关1号智能终端：B01.TX1。屏间尾缆各光芯宜按照"设计命名/芯线数量+GO/SV+直跳/直采/网络+本侧设备光纤命名+对侧屏柜名称（编号）+对侧设备光纤"命名原则。如，9E-GA3/2 GO直跳—1号母线保护（2n）：B07.TX2—××一线保护测控柜（22J）光配：B04。

端口接线图应贴于装置背板或屏柜柜门处。

智能终端背板光纤标识如图5-1所示。

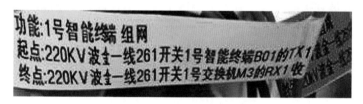

图5-1　智能终端背板光纤标识

（二）设备标识

智能终端的现场标识宜按"对应一次设备调度命名+智能终端编号（智能终端编号与所连接的保护编号一致，若对应间隔只有一台智能终端则不加编号）"原则进行命名。如，当220kV线路配置双套智能终端时，应按照现场实际标识成"220kV××线261开关1号智能终端""220kV××线261开关2号智能终端"；当220kVⅠ母TV单套配置智能终端时，应按照现场实际标识成"220kVⅠ母TV智能终端"。

装置前、后均应按要求进行标识。

（三）面板指示灯

面板指示灯应外观完好无损，装置背板接线整齐，装置接地良好。装置运行时，运行灯应能反映装置运行正常，面板指示灯应注明其具体含义。

对于装置上意义不明确的信号灯应作备注标识。比如"隔离开关1合位"应依据现场实际备注命名为"2621隔离开关合位"，"隔离开关2合位"应依据现场实际备注命名为"2622隔离开关合位","隔离开关3合位"应依据现场实际备注命名为"2626隔离开关合位"。

智能终端面板指示灯如图5-2所示。

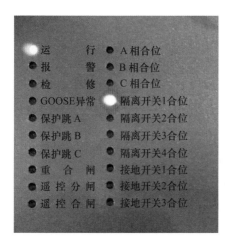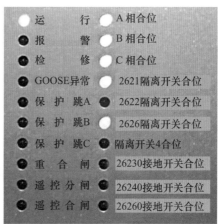

图5-2 智能终端面板指示灯

（四）电源

智能终端配置有单独的装置电源、遥信电源和操作电源，验收时电源空气开关宜按照"设计命名+所连接二次设备名称+功能"为原则进行规范化命名。如，1-4DK1 266开关1号智能终端装置电源。

（五）压板命名

智能终端只有硬压板，分为出口压板（如图5-3所示）和检修硬压板。

智能终端硬压板应以"设计命名+二次设备名称+功能名称+状态/出口"为原则，出口压板采用"红底黑字"、检修硬压板采用"黄底黑字"的要求进行规范化命名。如，1LP1 266开关1号智能终端A相跳闸出口，1LP4 266开关1号智能终端检修状态。

图5-3 智能终端出口压板

（六）遥控功能

在监控后台机上进行断路器以及可控隔离开关的遥控分合检查，检查是否能正常遥控、返校和执行。

（七）检修功能

通过检修硬压板投退和"异或"机制检验来反映智能终端的检修功能是否启用。

当智能终端检修硬压板投入后，装置发送的GOOSE报文中的TEST位置"1"，应检查装置面板上相应告警、检修灯是否点亮，监控后台机间隔分图中检修硬压板状态变位正确。

"异或"机制检验，指的是智能终端是否能将接收到GOOSE报文的TEST位与装置自身的检修硬压板状态进行比较，做"异或"逻辑判断，当且仅当两者一致时，才对信号进行处理或动作，不一致时宜保持一致前状态。

（八）告警功能

检查智能终端是否有完善的闭锁、告警功能，包括电源中断、通信中断、通信异常、GOOSE断链和装置内部异常，当发生异常时能正常点亮相应的信号灯，GOOSE链路中断应发送GOOSE断链告警报文。

（九）资料验收

应要求建设单位、设备厂家提供产品说明书、出厂试验报告、现场调试报告和安装图纸等技术文件。

二、合并单元

（一）光纤接口

合并单元与间隔层设备之间通过光纤连接，验收时需要注意合并单元背板光纤是否有明确且唯一的标识，光纤宜用颜色标识用途，合并单元主要涉及直采、组网光纤，直采SV纤芯用绿色标识，组网SV/GOOSE纤芯用黄色标识，备用纤芯用白色标识。

合并单元侧光纤宜按照"合并单元名称：+设备端口编号"的原则进行命名。如，220kV××一线开关1号合并单元：B01.TX1。

尾纤（尾缆）标识内容应清晰反映其接口位置、走向和用途，并注明其两端设备。屏内尾纤宜按照"：GO/SV+直跳/直采/网络+本侧设备光纤命名+对侧设备光纤"命名。如，SV直采—光配：B03—1号线路保护（1n）：B07.RX2。屏间尾缆各光芯宜按照"设计命名/芯线数量+GO/SV+直跳/直采/网络+本侧设备光纤命名+对侧屏柜名称（编号）+对侧设备光纤"命名原则。如，5E-GA3/2 SV直采—光配：B03—220kV1号母线保护测控柜光配：B04。

端口接线图应贴于装置背板或屏柜柜门处。

合并单元背板光纤标识如图5-4所示。

图5-4　合并单元背板光纤标识

（二）设备标识

合并单元现场标识宜按"对应一次设备调度命名+合并单元编号（合并单元编号与所连接的保护编号一致，若对应间隔只有一台合并单元则不加编号）"原则进行命名。如，当220kV线路配置双套合并单元时，应按照现场实际标识成"220kV××线261开关1号合并单元""220kV××线261开关2号合并单元"；当110kV母线TV单套配置合并单元时，应按照现场实际标识成"110kV Ⅰ、Ⅱ母TV合并单元"。

装置前、后均应按要求进行标识。

（三）面板指示灯

面板指示灯应外观完好无损，装置背板接线整齐，装置接地良好。装置运行时，运行灯应能反映装置运行正常，装置指示灯应注明其具体含义，对于装置上意义不明确的信号灯应作备注标识。

（四）电源

合并单元配置有单独的装置电源，验收时电源空气开关宜按照"设计命名+所连接二次设备名称+功能"为原则进行规范化命名。如，1-4DK1 266开关1号合并单元电源。

（五）压板命名

合并单元只有检修硬压板。合并单元检修硬压板应以"设计命名+二次设备名称+功能名称+状态/出口"为原则，检修硬压板采用"黄底黑字"的要求进行规范化命名。如，1LP4 266开关1号合并单元检修状态。

（六）检修功能

通过检修硬压板投退和"异或"机制检验来反映合并单元的检修功能是否启用。

当合并单元投入检修硬压板后，应检查装置上相应告警灯是否点亮，监控后台机间隔分图中对应合并单元检修硬压板状态是否与实际一致。除装置本身告警以外，与其采样值相关的保护装置应告警并闭锁。

合并单元检修"异或"机制，指的是合并单元投入检修硬压板后，进行"异或"逻辑判断，不一致时闭锁相关SV链路电气量保护，一致时采样值纳入保护逻辑计算。

（七）告警功能

验收程序化操作时，应配合检查合并单元是否应有完善的闭锁告警功能，包括电源中断、通信中断、通信异常、采样异常和装置内部异常，当发生异常时能正常点亮相应的指示灯。

（八）电压切换功能

在新投送电过程中，检修人员（或调试人员）配合运维人员对电压并列功能进行操作验收。分、合母线隔离开关时，检查合并单元的电压切换是否正确，装置隔离开关合位指示灯是否正确点亮或熄灭。合并单元隔离开关指示灯如图5-5所示。

双母线接线方式的合并单元，线路转线操作或倒母线时，当Ⅰ、Ⅱ母隔离开关同时合位，合并单元报"同时动作"；线路转冷备用或检修时，当Ⅰ、Ⅱ母隔离开关同时分位，合并单元报"同时返回"；液晶屏均应出现相应告警信息。

图5-5　合并单元隔离开关指示灯

（九）电压并列功能

在新投送电过程中，检修人员（或调试人员）配合运维人员对电压并列功能进行验收。若220kV变电站220、110kV电压等级母线设计有母线TV，可通过母线合并单元实现电压采集及电压并列功能；若110kV变电站110kV母线无单独TV，电压采自线路TV，母线电压并列功能宜通过独立的TV并列装置实现；10kV部分无母线合并单元，电压并列功能则通过独立的TV并列装置实现。

通过分合母联（分段）及两侧隔离开关、TV隔离开关、切换并列把手位置，检查各种并列情况下合并单元的并列动作逻辑是否正确。

（十）资料验收

设备厂家提供的产品说明书、出厂试验报告、合格证件及安装图纸等技术文件和设备编号应齐全，根据装箱清单检查备品备件应齐全。

三、交换机

（一）光纤接口

交换机与其他装置通过光纤连接，验收时应注意装置背板光纤是否有明确且唯一的标识，光纤宜用颜色标识用途，组网纤芯用黄色标识，备用纤芯用白色标识，交换机侧光纤宜按照"交换机对应的一次设备或公用二次设备调度命名+过程层A（B）网+交换机编号：+端口号"的原则进行命名。如，220kV过程层B网

2号中心交换机：RX6。

尾纤（尾缆）标识内容应清晰反映其接口位置、走向和用途，并注明其两端设备。屏内尾纤宜按照"：GO/SV+直跳/直采/网络+本侧设备光纤命名+对侧设备光纤"命名。如，GO网络—过程层 A网交换机：RX3—1 号线路保护（1n）：B01.TX3屏间）。屏间尾缆各光芯宜按照"设计命名/芯线数量+GO/SV+直跳/直采/网络+本侧设备光纤命名+对侧屏柜名称（编号）+对侧设备光纤"命名原则。如，5E-GA5/3 GO 网络—220kV 过程层 B 网 2 号中心交换机：RX6—路槽一线保护测控柜（22J）过程层 B 网交换机：TX3。

端口接线图应贴于装置背板或屏柜柜门处。

（二）设备标识

过程层交换机命名宜按"交换机对应的一次设备或公用二次设备调度命名+过程层A（B）网+交换机编号（由现场布置顺序和主次而定，若只有1台交换机则不加编号）"原则进行命名。根据设计情况，可命名为"××过程层A网中心交换机""××过程层B网中心交换机"。如，110kV××一线152开关过程层A网交换机，220kV过程层A网2号中心交换机。

（三）电源

交换机电源应双重化配置，空气开关合上时交换机运行灯亮，已用端口灯应正常闪烁。交换机运行灯、电源灯和端口连接灯指示应正确。

四、智能控制柜

（一）柜体

柜门密封良好，接线无松动、断裂，光缆无脱落；锁具、铰链、外壳防护及防雨设施良好，无进水受潮，通风顺畅；柜内设备接线无异常、封堵良好；柜上连接片、压板、把手、按钮、尾纤、光缆和网线等各类标识应正确、完整、清晰；柜门的开启和关闭应灵活自如，在规定的运动范围内不应与其他零件碰撞或摩擦，能够可靠闭锁。

（二）布局

柜体应采用双层结构，循环通风；柜内的设备及端子排布置应保证各套装置的独立性，在一套装置检修时不应影响其他任何一套装置的正常运行；光纤引出、引入口应可靠连接，无打折、破损现象；防误闭锁装置完好。

（三）接地

通常控制柜应装有截面积为100mm²的铜接地母线，并与柜体绝缘，接地母线末端应装好可靠的压接式端子，并与站内接地网可靠连接。

（四）机械指示

断路器、隔离开关位置指示应与一次设备状态一致，断路器、隔离开关就地分合指示应正确。

（五）温湿度调节

控制柜应具备温度、湿度自动调节功能，柜内温度宜控制在−10～50℃，湿度宜保持在90%以下。

五、电子式互感器

（一）现场安装

电子式互感器的安装应牢固可靠，不应影响设备的绝缘；信号线缆引出本体外部处应密封良好。

（二）技术要求

智能变电站竣工验收时，应检查电子式互感器极性检验、电流互感器准确度试验、电压互感器准确度试验、一次端工频耐压试验、低压器件工频耐压试验及气密性试验等测试报告详细完备，同时智能变电站电子式互感器宜满足以下要求：

（1）电子式互感器（含合并单元）应能真实地反映一次电流或电压，额定延时时间不大于2ms、唤醒时间为0。电子式电流互感器的额定延时不大于$2T_s$（2个采样周期，采样频率4000Hz时T_s为250μs）；电子式电流互感器的复合误差应满足5P级或5TPE级要求，电子式电压互感器的复合误差不大于3P级要求。

（2）用于双重化保护的电子式互感器，其两个采样系统应由不同的电源供电并与相应保护装置使用同一组直流电源。

（3）电子式互感器采样数据的品质标志应实时反映自检状态，不应附加任何延时或展宽。

第二节　间隔层、站控层验收

智能变电站间隔层设备主要包括保护装置、测控装置和监测功能组主IED等二次设备，站控层包括自动化站级监视控制系统、站域控制系统、通信系统和对时系统等。间隔层内保护装置和测控装置的设备标识、装置功能及与智能终端和合并单元等设备的通信状态应满足相关规范要求。

一、保护装置

（一）光纤接口

保护装置与过程层、间隔层均通过光纤连接，验收时应注意装置背板光纤是否有明确且唯一的标识，光纤宜用颜色标识用途。保护装置与智能终端、合并单元和其他保护装置之间均有联系，因此包含直采、直跳、组网三种类型的光纤标识，直采SV纤芯用绿色标识，直跳GOOSE用红色标识，组网用黄色标识，备用纤芯用白色标识。

保护装置侧光纤宜按照"保护装置名称：+ 设备端口编号"的原则进行命名。如，220kV××一线开关1号保护：B01.RX3。

尾纤（尾缆）标识内容应清晰反映其接口位置、走向和用途，并注明其两端设备。屏内尾纤宜按照"：GO/SV+直跳/直采/网络+本侧设备光纤命名+对侧设备光纤"命名。如，SV直采—1号线路保护（1n）：B07.RX2—光配：B03。屏间尾缆各光芯宜按照"设计命名/芯线数量+GO/SV+直跳/直采/网络+本侧设备光纤命名+对侧屏柜名称（编号）+对侧设备光纤"命名原则。如，9E-GA3/2 GO直跳—光配：B04—××一线保护测控（22J）1号保护：B07.TX1。

端口接线图应贴于装置背板或屏柜柜门处。

（二）设备标识

当保护装置双重化配置时，宜按照"对应一次设备调度命名+保护装置编号"进行现场标识，装置前后均应按要求进行标识。如有必要应对装置中有疑问的内容作必要的释义备注，对无法进行现场改名但备用的压板应提供运行提示。保护装置设备标识如图5-6所示。

图5-6　保护装置设备标识

（三）电源

保护装置电源空气开关宜按照"设计命名+所连接二次设备名称+功能"为原则进行规范化命名。如，1-4DK1 266开关1号保护装置电源。

（四）定值管理

保护装置定值和控制字名称应规范、统一，宜采用不超过10个（含10个）汉字的标准化名称；定值读写功能、软压板投退功能和定值区切换功能均应进行实际操作验收；投运前应依据调度下达的定值单对装置定值进行正确整定。

（五）压板命名

与智能终端和合并单元不同，保护装置既有硬压板，也有软压板。

1．软压板

保护装置软压板分为GOOSE软压板、SV软压板和功能软压板三类。软压板因设备厂家不同而命名不统一、含义模糊，不便于运维人员理解。因此，宜在设备调试阶段对软压板进行规范化命名。

命名应含义清晰明确，宜按"对应的一次或二次设备简化调度命名+保护编号+功能描述"原则进行命名。如，"跳201开关GOOSE发送软压板"宜规范命名为"201开关直跳出口"。

其他更多软压板命名规范详见附录C。全站软压板命名应在投运前由运维人员进行统一验收合格。

2．硬压板

保护装置硬压板应按照"黄底黑字"的要求，以"设计命名+二次设备名称+

功能名称+状态/出口"为原则进行规范化命名。如，1LP1 266开关1号保护检修状态。

（六）检修功能

通过检修硬压板投退和"异或"机制检验来反映保护装置的检修功能是否启用。

当保护装置检修硬压板投入后，装置发送的GOOSE报文中的TEST位置"1"，应检查装置上相应告警、检修灯是否点亮，监控后台机间隔分图中对应保护装置检修硬压板状态是否与实际一致。

保护装置检修"异或"机制，指的是保护装置将接收报文源端装置的TEST位与装置自身的检修硬压板状态进行比较，做"异或"逻辑判断，当且仅当两者一致时，才对信号进行处理或动作，不一致时宜保持前状态。保护装置与某GOOSE链路源端装置检修不一致时，保护装置应报"检修不一致"告警，装置告警灯亮，相关GOOSE链路开入无效；将保护装置与某SV链路源端装置检修不一致时，保护装置应报"检修不一致"告警，装置告警灯亮，闭锁相关SV链路电气量保护。

（七）保护装置采样同步性

保护装置应自动补偿采样延时，当采样延时异常时，应发报警信息、闭锁采自不同合并单元且有采样同步要求的相关保护。

保护装置应监视合并单元采样值发送间隔离散值，当超出保护装置允许范围时，应报警、闭锁相关保护功能。

二、测控装置

（一）光纤接口

测控装置与其他装置通过光纤连接，验收时应注意装置背板光纤是否有明确且唯一的标识，光纤宜用颜色标识用途，组网纤芯用黄色标识，备用纤芯用白色标识，尾纤（尾缆）标识内容应清晰反映其接口位置、走向和用途，并注明其两端设备。端口接线图应贴于装置背板或屏柜柜门处。

（二）设备标识

测控装置外观正常，无异响、异味和积尘；备用的光纤端口及尾纤应带防尘帽，检查光纤、网线和电源空气开关等标识规范、正确，设备面板上各指示灯显示正常、无告警。装置前后均应按要求进行标识。

（三）压板命名

测控装置只有检修硬压板，应按照"黄底黑字"的要求进行规范化命名。当测控装置投入检修硬压板后，应检查装置检修指示灯是否正常点亮，监控后台机间隔分图中检修硬压板状态是否与实际一致。

（四）通信状态

应检查测控装置同步对时无异常，与合并单元、智能终端和其他装置的通信状态无异常。GOOSE输入、输出和SV采集均应正确。

三、监控后台机

（一）基本要求

监控主备机信息应一致，主要包括图形、告警信息、一、二次设备状态、潮流和历史曲线等信息，监控主机遥测和遥信具备实时性和准确性，监控主机工作正常，无通信中断、死机、异响、过热和黑屏等异常现象，监控主机同步对时正常。

核对站内所有设备和装置信号应正常，站端与调度端的信号传递及变位应正确且一致，监控系统"四遥"功能完善，设备运行可靠。

（二）权限管理

监控机权限管理应满足国家电网公司智能变电站一体化监控系统相关技术规范，应区分设备的使用权限，只允许特定人员使用；应针对不同的操作，运行人员设置不同的操作权限。

验收前运行人员应向调试人员提供具有不同操作权限的人员名单，待调试人员修改后进行操作权限验收。

（三）后台信号

智能变电站监控后台机应能反映变电站一、二次设备以及辅助设备实时运行状态。

1. 信号范围

（1）一次设备状态信息及异常告警信号。

（2）装置运行工况信息。

（3）装置软压板投退信号。

（4）装置自检、闭锁、对时状态、通信状态监视和告警信号。

（5）装置SV、GOOSE、MMS链路异常告警信号。

（6）测控装置控制操作闭锁状态信号。

（7）保护装置保护定值、当前定值区号。

（8）网络通信设备运行状态及异常告警信号。

（9）二次设备健康状态诊断结果及异常预警信号。

（10）交直流电源各进、出线开关位置。

（11）设备工况、异常及失电告警信号。

（12）安防、消防、门禁告警信号。

（13）环境监测异常告警信号。

如，220kV间隔断路器光字信号包含断路器机构压力异常、跳合闸闭锁、检修状态、弹簧未储能、机构非全相动作、控制回路断线，线路保护装置动作、异常或闭锁等。

2．信号命名

告警信息应依据智能变电站信息命名进行规范化命名，信息名称应明确简洁，以满足生产实时监控系统的需要同时方便变电站、调度（调控）中心运行人员的监视、操作和检修。信息命名结构可表示为电网．厂站/电压．间隔．设备/部件．属性，如，220kV××变电站/××266线测控装置/远方就地把手．位置。

3．信号验收

光字信号在正常状态为绿色，非正常状态为红色。正常运行情况下，光字信号不应点亮，只有当告警信号发生时，相应光字信号才能点亮，并推动相应告警等级音响，提示运行人员注意。对于信号状态繁多的变电站，宜采用多张信号状态画面的方式呈现。

验收时应注意间隔分图中的光字信号是否完整准确，正常运行工况下应无光字信号输出。

（四）断链信号表

监控后台机间隔分图中应有能反映保护装置、合并单元、智能终端和测控装置之间的GOOSE链路和SV链路通信状态的断链信号表，断链信号表应完备齐全，命名应标注清楚收发装置、具体间隔名称和链路类型等。站端与调度端断链信号表应一致。监控机断链信号表如图5-7所示。

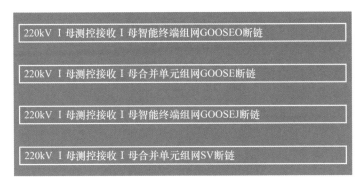

220kV Ⅰ母测控接收Ⅰ母智能终端组网GOOSE0断链
220kV Ⅰ母测控接收Ⅰ母合并单元组网GOOSE断链
220kV Ⅰ母测控接收Ⅰ母智能终端组网GOOSEJ断链
220kV Ⅰ母测控接收Ⅰ母合并单元组网SV断链

图5-7　监控机断链信号表

（五）定值管理

监控后台机的保护定值验收项目包括远方召唤定值、远方修改定值、切换定值区以及保护软压板远方投退的功能检查；软压板命名、投退正确性检查；定值及软压板状态打印功能检查。

（六）压板命名

监控后台机间隔分图中保护装置功能软压板、GOOSE软压板和SV软压板应与现场装置一一对应，软压板命名应与现场装置一致。监控后台机软压板如图5-8所示。

软压板

163开关智能终端位置GOOSE接收软压板			零序Ⅲ段压板S		
163开关智能终端信GOOSE接收软压板			零序Ⅳ段压板S		
110kV母差保护GOOSE接收软压板			不对称速动S		
163开关1号合并单元GOOSE接收软压板			双回线速动S		
电流电压接收软压板			闭锁重合S		
远方修改定值			遥控出口软压板		
远方控制软压板			遥控检无压软压板		
远方切换定值区			遥控检同期软压板		
差动压板S			跳闸出口GOOSE发送软压板		
距离压板S			重合出口GOOSE发送软压板		
零序Ⅰ段压板S			起失灵GOOSE发送软压板		
零序Ⅱ段压板S					

图5-8　监控后台机软压板

保护装置中的远方修改定值、远方切换定值区和远方投退压板软压板只能在装置本地修改。当远方修改定值压板投入时，保护装置参数和定值可远方修改；当远方切换定值区压板投入时，保护装置定值区可远方切换；当远方投退压板压板投入时，保护装置功能软压板、GOOSE出口软压板和SV软压板可远方投退。

监控后台机应能反映检修硬压板的实际状态，验收时应注意后台机检修硬压板名称和状态是否与现场一致。监控后台机检修硬压板如图5-9所示。

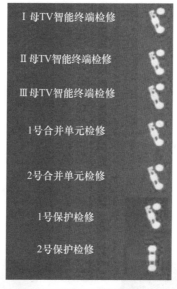

图5-9　监控后台机检修硬压板

（七）通信状态

监控系统功能相关的MMS、GOOSE、SV通信状态应满足IEC 61850-9-2要求。监控后台机设备运行工况图和通信链路状态图等界面应能反映过程层、间隔层和站控层通信状态，当相关MMS、GOOSE、SV通信中断时，应能发出告警信号。若过程层交换机与所有保护、测控、电能表、合并单元和智能终端等装置通信中断时，后台机应有相应链路断链信号；若间隔层网络中断时，后台机应显示网络中断告警；若站控层网络中断时，后台机应报设备通信异常类信号，与本交换机连接装置的站控层功能丢失。

监控后台机设备通信状态如图5-10所示。

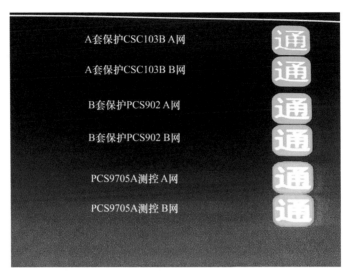

图5-10　监控后台机设备通信状态

四、一体化电源

一体化电源系统由站用交流电源、直流电源和交流不间断电源（逆变电源）等装置组成，并统一监测控制，共享直流电源的蓄电池组。

智能变电站宜设置一套一体化电源系统。直流、交流、UPS和通信电源应一体化设计、一体化配置和一体化监控，并采用IEC 61850标准模型数据接入自动化系统，实现站用电源智能管理。

监控后台机应能对一体化电源的各种运行信息实时监测显示，并能对一体化电源的各种异常情况进行实时报警。

验收时应对站内逆变电源进行交直流切换试验，确保在全站交流失电后逆变电源能够正常启用。

五、防误闭锁

防误闭锁功能应满足以下要求：

（1）防误闭锁分为三个层次，站控层闭锁、间隔层联闭锁和机构电气闭锁。

（2）站控层闭锁宜由监控主机实现，操作应经过防误逻辑检查后方能将控制命令发至间隔层，如发现错误应闭锁该操作。

（3）间隔层联闭锁宜由测控装置实现，间隔间闭锁信息宜通过GOOSE方式传输。

（4）机构电气闭锁实现设备本间隔内的防误闭锁，不设置扩间隔电气闭锁回路。

（5）站控层闭锁、间隔层联闭锁和机构电气闭锁属于串联关系站控层闭锁失效时不影响间隔层联闭锁，站控层和间隔层联闭锁均失效时不影响机构电气闭锁。

六、现场资料验收

现场资料验收时，建设单位和调试单位应按时向运维单位移交全套技术资料。包括现场测试报告，变电站配置描述文件，相关策略文件，已执行定值单，远动信息表文件，网络设备配置文件，现场验收报告，变更内容及原因说明文件，设备硬件清单及系统配置参数，设备说明书，IED能力描述文件，全站配置文件，全站MMS、GOOSE、SV网络通信配置表，交换机VLAN配置表，全站设备网络逻辑结构图，交换机接线图，虚端子表，设备现场安装调试报告，设备竣工图，现场验收申请报告等。

第六章
智能变电站程序化操作

第一节 程序化操作概述

一、概念

程序化操作是指能发出整批指令，由系统根据设备状态信息变化情况判断每步操作是否到位，确认到位后自动执行下一项指令，直至执行完毕所有指令。

即通过监控系统的单个操作命令，根据预先规定的操作逻辑和"五防"闭锁规则，自动完成一系列断路器和隔离开关等一次设备及二次软压板的操作，依据设备执行结果信息来判断每步操作是否到位，确认到位后自动或半自动执行下一项指令，直至执行完毕所有指令，最终改变系统运行状态的过程，从而实现变电站电气设备从运行、热备用、冷备用和检修状态之间的自动转换。

二、原则

依据Q/GDW 383—2009《智能变电站技术导则》，程序化操作原则有以下方面：

（1）满足无人值班及区域监控中心管理模式的要求。

（2）可接收和执行监控中心、调度中心和本地自动化系统发出的控制指令，经安全校验正确后，自动完成符合相关运行方式变化要求的设备控制。

（3）应具备自动生成不同主接线和不同运行方式下典型操作流程的功能。

（4）应具备投、退保护软压板功能。

（5）应具备急停功能。

（6）可配备直观图形图像界面，在站内和远端实现可视化操作。

第二节　程序化操作范围及设备要求

一、操作范围

（1）纳入程序化操作的设备包括开关，GIS设备隔离开关、接地隔离开关，常规敞开式电动隔离开关、电动接地隔离开关，35、10kV电动手车、电动接地隔离开关，保护装置定值区切换、软压板投退。以上操作原则上均应使用程序化操作功能。

（2）使用人工手动操作的设备为其他所有未纳入程序化操作的设备。

二、一次设备要求

（1）实行程序化操作时，所有参与程序化操作的一次设备需要实现电动化操作，条件具备时，宜与图像监控系统实现联动。

（2）参与程序化操作的一次设备应具有较高的可靠性。

（3）实现程序化操作的GIS设备（无法进行直接验电），其线路出口应安装运行稳定可靠的带电显示装置，反映线路带电情况并具备相关遥信功能。

三、二次设备要求

（1）参与程序化操作的二次设备必须符合IEC 61850规约以及Q/GDW 383—2009《智能变电站技术导则》的规定，工作需稳定、可靠。

（2）二次设备必须能够根据操作票的逻辑和操作顺序正确发出控制命令，也要确保各状态数据采集准确及时。

（3）保护装置应具有可远方投退软压板和远方切换保护定值区的功能。

（4）二次设备应具备一定的容错机制。

第三节　程序化操作管理

一、职责范围

（1）程序化操作任务和操作票，应经过运维单位和调度部门审核，运维单位生产分管领导审批。

（2）程序化操作任务和操作票应备份，由专人管理，设置管理密码。

（3）调试单位负责程序化操作票的现场试验，由专人负责验收并负责生产后的数据库维护。

（4）变电站改（扩）建、设备变更、设备名称改变时，应同时修改程序化操作票，重新验证并履行审批手续，完成程序化操作票的变更、固化和备份。

二、现场操作管理要求

（1）执行程序化操作前应检查待操作设备运行方式与本操作任务要求的设备初始状态一致，无影响程序化操作的异常信号发生。

（2）调用程序化操作票时，应严格核对操作指令和设备编号，程序化操作应采用"一人操作一人监护"的模式。

（3）在程序化操作前，必须进行程序化操作预演，无误后方可正式操作。

（4）执行程序化操作时，继电保护装置应采用软压板控制模式。

（5）需执行手动操作项目时，可在程序化操作项目后直接填写手动操作项目。执行手动操作术语与常规变电站相同。

（6）操作人员检查设备满足操作条件后，应在分画面上执行程序化操作命令。操作过程中，操作人员不允许进行其他操作或从事与操作无关的其他工作，应密切观察后台机上程序化操作的执行进程以及各项告警信息。发现异常需要急停操作时，选择"暂停"按钮，停止操作。

（7）程序化操作结束后，操作人员应检查后台机发出的"操作完成"提示，同时检查设备确已调整到目标运行方式，设备机械指示、遥测和遥信正常，无异常告警。

（8）无论是操作人员发现异常主动中断程序化操作，还是程序化操作执行不成功、自动中断，运维人员都应立即检查相关设备实际情况，汇报调度和检修人员，查明中断原因并做好操作记录。若设备状态未发生改变，应查明原因并排除故障后继续程序化操作；若无法排除故障，可根据情况改为手动操作。

（9）若设备发生故障，应根据调度命令采用手动操作隔离故障设备，紧急情况下可先隔离故障设备再汇报调度。故障消除后，应根据当前运行方式重新填写操作票进行操作。

（10）在程序化操作全部结束后，运维人员应检查所有一、二次设备无异常后结束此次操作。

第四节　程序化操作设置要求

（1）程序化操作应提供操作界面，实时显示操作内容、步骤及操作过程等信息，支持开始、终止、暂停和继续等进度控制，并提供操作的全过程记录。对操作中出现的异常情况，应具有急停功能。

（2）程序化操作程序应具有操作预演功能，在预演时程序应检查设备状态是否满足程序化操作要求，预演通过后方能进入正式操作；不预演则不能执行正式操作。

（3）程序化操作执行过程中，应能具备闭锁远方遥控操作功能。

（4）执行程序化操作任务前需验证操作人和监护人用户名及密码。

（5）程序化操作宜通过辅助接点状态、量测值变化和监控图像等信息自动完成每步操作的检查工作，包括设备操作过程和最终状态等。

（6）在涉及多项一次设备的程序化操作时，在每项一次设备操作后宜间隔20s以上，然后检查被遥控的一次设备相关遥测和遥信信号有无异常。

（7）对于未与图像监控系统进行联动，无法依靠图像监控系统自动识别一次设备实际分合位置的监控系统，程序化操作应在执行完每一项一次设备遥控操作后自动暂停，操作人员现场检查设备实际分合位置，并确认无误后方可继续执行。

（8）程序化操作应具备信号异常时程序中断并发出相应告警的功能，并在主机上显示具体故障点及故障原因，以便运维人员及时查找故障点。

（9）当程序化操作检测到有信号异常并中断时，原则上不允许跳过当前检查项继续执行；如果经查明确为信号误发，且不会影响后续操作，则应重新输入操作人和监护人用户名及密码验证后方可跳过此步继续执行。

（10）程序化操作编制的操作任务应包含全部单一型操作和典型综合型操作。

（11）程序化操作的操作流程参照常规手动操作流程编制。

（12）程序化操作对于操作前后的设备检查项和位置确认项按以下原则执行：

1）对每个间隔操作前应检查该间隔内所有待操作的设备满足GIS设备无联锁解除信号，无保护、测控装置断链（GOOSE或SV）、闭锁、失电和置检修状态信号，无合并单元和智能终端断链、告警、失电和置检修状态信号，无控制电源消失和控制回路断线信号，无SF_6气压低报警、气压低闭锁、弹簧未储能和液压机构压力低报警等信号。

2）开关合闸后应检查开关无弹簧未储能、液压机构压力低报警、电机过流过时告警、控制回路断线、保护动作跳闸等信号，开关在合位，线路有压（大于70%额定电压），监控后台机及保护装置电流正常（三相电流均大于或等于4%的TA二次侧额定电流）。

3）开关分闸后应检查开关在分位；开关无电流（三相电流均小于4%的TA二次侧额定电流）。

4）隔离开关分/合闸后应检查隔离开关位置正确。对于双母线接线的主变压器、线路母线侧隔离开关，还应检查母差保护隔离开关位置正确、合并单元电压切换正常。在单间隔倒母线操作完成后应检查无差流和告警信号，无开入异常、装置异常告警等信号。

5）转线操作中，合上线路开关合环后应检查该开关无气压低报警、低气压闭锁、保护闭锁等异常信号，监控后台机及保护装置电流正常（三相电流大于4%的TA二次侧额定电流）；两台主变压器保护无异常信号。

6）分段接线的进线、分段开关分合闸操作应检查对应的主变压器保护和备自投装置无异常信号。

第五节　程序化操作验收

程序化操作作为智能变电站独有的高级应用功能，是智能变电站监控后台机验收重点项目。运维人员负责编制程序化操作票，现场调试人员负责依据程序化操作票进行功能调试，检修人员和运维人员共同负责验收程序化操作功能，检修人员负责投运后的数据库维护。

程序化操作验收包括准备阶段和验收阶段。在准备阶段，应完成程序化操作票的编制和程序化操作执行检查项的筛选；在验收阶段，应完成程序化操作票的功能验证。

一、准备阶段

（一）操作票编制

应严格按照《国家电网公司电力安全工作规程》有关要求，根据智能变电站设备情况、接线方式和技术条件，符合"五防"逻辑要求进行编制，程序化操作票的编制要严格履行审批手续，不能随意修改。程序化操作典型操作任务和操作票应备份，由检修单位指定专人负责保存。智能变电站程序化操作类型包括单一型和综合型两类。

1. 单一型程序化操作

（1）220、110kV开关在"运行""热备用"和"冷备用"状态间转换，在"冷备用""开关检修""线路检修"和"开关及线路检修"状态间转换。

（2）10kV中置式开关在"运行""热备用"和"冷备用"状态间转换，在"冷备用"和"线路检修"状态间转换。

（3）220、110kV母线TV在"运行""冷备用"和"检修"状态间转换。

（4）10kV母线TV在"运行"和"冷备用"状态间转换。

（5）10kV母线避雷器在"运行"和"冷备用"状态间转换。

（6）220、110kV母线在"冷备用"和"检修"状态间转换。

（7）主变压器中性点在"运行"和"冷备用"状态间转换。

（8）主变压器在"冷备用"和"检修"状态间转换。

（9）220、110kV进线转线和倒母操作。

2. 综合型程序化操作

由多项单一型程序化操作组合而成。如"××线261开关线路由Ⅱ母运行转检修"的操作项目为：

（1）执行程序化操作。将××线261开关由Ⅱ母运行转冷备用。

（2）执行程序化操作。将××线261开关由冷备用转线路检修。

（二）操作检查项目

程序化操作前，应检查本间隔内所有待操作设备满足GIS设备无联锁解除信号，无保护、测控装置断链（GOOSE或SV）、闭锁、失电和置检修状态信号，无合并单元和智能终端断链、告警、失电和置检修状态信号；无控制电源消失和控制回路断线信号，无SF$_6$气压低报警、气压低闭锁、弹簧未储能和液压机构压力低报警等信号。程序化操作中，应按照相关要求和执行原则对操作后设备进行检查和状态确认。

运维人员应提前筛选出会对该项程序化操作造成影响的信号，并在实际验收阶段逐一测试检查。

二、验收阶段

在编制完成程序化操作票并筛选出检查项目后，应由调试人员进行程序化操作程序的下装和调试。

（一）身份验证

执行程序化操作任务前须验证操作人和监护人的用户名及密码。在站端和调度主站端或其他主站端执行程序化操作时，应注意验收是否需要进行身份验证，且应在正确输入操作员姓名、职务及密码后才允许操作。

（二）操作票生成功能

当接收到程序化操作命令时，程序化操作系统应依据操作任务自动生成并导出操作票，操作界面应显示操作内容、步骤和操作过程等信息，运维人员应根据操作任务对程序化操作票内容进行逐一审查。程序化操作内容界面如图6-1所示。

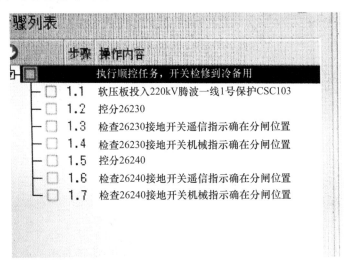

图6-1　程序化操作内容界面

（三）操作模拟预演

程序化操作前，应强制进行程序化操作预演，预演操作无误后方可正式操作，预演操作须经过"五防"判断，预演结束后应返回预演结果，如有异常应提示预演失败，预演失败时应简要说明失败原因；若不预演应不能执行正式操作。程序化操作预演界面和出错提示界面分别如图6-2和图6-3所示。

图6-2　程序化操作预演界面

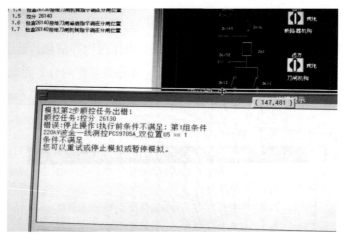

图6-3　程序化操作出错提示界面

（四）操作功能

1. 遥控功能

程序化控制系统应能通过监控机或直接经过测控装置对相关设备进行遥控，系统应能记录操作顺序，当完成一步遥控操作后，自动进入下一步，同时应能采集相关设备的状态信息，操作结束后应返回结果，操作失败后应简要说明失败原因。

2. 人工干预

程序化操作完成一步后，系统应进入等待状态，等待时间长短可人工设置。等待时间内需经过人工确认后才能进行下一步，等待时间过后系统默认进入下一步。

程序化操作应设置暂停按钮，可在任意时刻暂停程序化操作。

3. 报警急停

程序化操作过程中应能实时监视相关设备或装置的状态。当操作过程中出现故障或告警信号时，可人工设置系统响应，在后台监控机上显示具体故障点及故障原因，以便运维人员及时查找故障点。

验收时应依据检查项目中的故障、告警信号表（间隔对应的检查项目表）检查确认程序化操作异常信号关联是否完备及准确。

4. 故障处理

程序化操作过程中，若变电站自动化系统发生事故或异常告警信号时，应自动停止操作；若变电站设备出现分、合不到位或未满足条件时，应自动停止操作。

程序化操作中断后，若设备状态未发生改变，应查明原因并排除故障后继续程序化操作，若无法排除故障，可根据情况改为手动操作。

第六节　典型程序化操作票

本节以某110kV变电站（内桥接线、110kV母线无单独TV）和220kV变电站（双母线）典型程序化操作票为例，从110kV变电站的110kV线路开关、110kV内桥开关、220kV变电站的220kV线路和220kV倒母线四个类型对程序化操作票的编写和检查项目进行介绍。

一、110kV 变电站

110kV变电站保护装置、合并单元和智能终端均为单套配置，检查项目较少。操作票内容与常规变电站差异不大，但需要人员到现场进行操作或检查时应设置"暂停"或"人工确认"项。

（一）110kV××线151开关由运行转检修

110kV线路开关由运行转检修的综合型操作由多个单一型操作组合而成，包括开关由运行转热备用、热备用转冷备用和冷备用转检修。开关由运行转热备用时程序化操作执行A1类检查项目详见附录D1，开关由热备用转冷备用、冷备用转检修时程序化操作执行B1类检查项目详见附录D2。B1类检查项由于仅操作隔离开关类设备，因此不考虑合并单元的相关信号以及与开关相关的告警及闭锁信号，比如"开关气室压力低闭锁"和"开关气室压力低告警"等信号。

1. 110kV××线151开关由运行转热备用

调度指令：拉开110kV××线151开关热备用。

操作票项目：

（1）执行A1类检查项目。

（2）拉开××线151开关。

（3）检查××线151开关确在分闸位置。

（4）检查××线151开关三相确无电流。

（5）人工确认（检查110kV××线151开关遥信、遥测无异常）。

2. 110kV××线151开关由热备用转冷备用

调度指令：将110kV××线151开关由热备用转冷备用。

操作票项目：

（1）执行B1类检查项目。

（2）检查××线151开关确在分闸位置。

（3）检查××线151开关三相确无电流。

（4）拉开××线1516隔离开关。

（5）检查××线1516隔离开关确在分闸位置。

（6）人工确认（检查110kV××线1516隔离开关遥信、遥测无异常）。

（7）拉开××线1511隔离开关。

（8）检查××线1511隔离开关确在分闸位置。

（9）人工确认（检查110kV××线1511隔离开关遥信、遥测无异常）。

3. 110kV××线151开关由冷备用转检修

调度指令：将110kV××线151开关由冷备用转检修。

操作票项目：

（1）执行B1类检查项目。

（2）检查××线151开关确在分闸位置。

（3）检查××线1511隔离开关确在分闸位置。

（4）检查××线1516隔离开关确在分闸位置。

（5）合上××线15130接地隔离开关。

（6）检查××线15130接地隔离开关确在合闸位置。

（7）人工确认（检查110kV××线15130接地隔离开关遥信、遥测无异常）。

（8）合上××线15140接地隔离开关。

（9）检查××线15140接地隔离开关确在合闸位置。

（10）人工确认（检查110kV××线15140接地隔离开关遥信、遥测无异常）。

（二）110kV母联112开关由运行转检修

110kV内桥开关由运行转检修的综合型操作由多个单一型操作组合而成，包括开关由运行转热备用、热备用转冷备用和冷备用转检修。其中热备用转冷备用时，因其两侧停电顺序不同，分为Ⅰ母侧停电和Ⅱ母侧停电两种类型。开关由运行转热备用时程序化操作执行C1类检查项目详见附录D3，开关由热备用转冷备用和冷备用转检修时程序化操作执行C2类检查项目详见附录D4。C2类检查项由于仅操作隔离开关类设备，因此不考虑合并单元的相关信号以及与开关有关的告警及闭锁信号，比如"开关气室压力低闭锁"和"开关气室压力低告警"等信号。

1. 110kV母联112开关由运行转热备用

调度指令：将110kV母联112开关由运行转热备用。

操作票项目：

（1）执行C1类检查项目。

（2）拉开110kV母联112开关。

（3）检查110kV母联112开关确在分闸位置。

（4）检查110kV母联112开关三相确无电流。

（5）人工确认（检查110kV母联112开关遥信、遥测无异常）。

（6）检查主变压器、备自投无异常信号。

2．110kV母联112开关由热备用转冷备用（110kV Ⅰ母侧停电）

调度指令：将110kV母联112开关由热备用转冷备用。

操作票项目：

（1）执行D1类检查项目。

（2）检查110kV母联112开关确在分闸位置。

（3）检查110kV母联112开关三相确无电流。

（4）拉开110kV母联1121隔离开关。

（5）检查110kV母联1121隔离开关确在分闸位置。

（6）人工确认（检查110kV母联1121隔离开关遥信遥测无异常）。

（7）拉开110kV母联1122隔离开关。

（8）检查110kV母联1122隔离开关确在分闸位置。

（9）人工确认（检查110kV母联1122隔离开关遥信遥测无异常）。

若为110kVⅡ母侧停电，则应先拉开110kV母联1122隔离开关，再拉开110kV母联1121隔离开关。

3．110kV母联112开关由冷备用转检修

调度指令：将110kV母联112开关由冷备用转检修。

操作票项目：

（1）执行D1类检查项目。

（2）检查110kV母联112开关确在分闸位置。

（3）检查110kV母联1121隔离开关确在分闸位置。

（4）检查110kV母联1122隔离开关确在分闸位置。

（5）合上110kV母联11230接地隔离开关。

（6）检查110kV母联11230接地隔离开关确在合闸位置。

（7）人工确认（检查110kV母联11230接地隔离开关遥信、遥测无异常）。

（8）合上110kV母联11240接地隔离开关。

（9）检查110kV母联11240接地隔离开关确在合闸位置。

（10）人工确认（检查110kV母联11240接地隔离开关遥信、遥测无异常）。

二、220kV 变电站

220kV变电站保护装置、合并单元和智能终端配置较110kV变电站更为复

杂，所涉及的检查项目更多。操作票内容同样与常规变电站差异不大，在需要人员到现场进行操作或检查时应设置"暂停"或"人工确认"项。

（一）220kV××线261线路由检修转Ⅰ母运行

220kV线路由检修转运行的综合型操作由多个单一型操作组合而成，包括线路由检修转冷备用、冷备用转热备用和热备用转运行。开关由热备用转运行时程序化操作执行A2类检查项目详见附录D5，线路由检修转冷备用和冷备用转热备用时程序化操作执行B2类检查项目详见附录D6。B类检查项由于仅操作隔离开关类设备，因此不考虑合并单元的相关信号以及与开关相关的告警及闭锁信号，比如"开关气室压力低闭锁"和"开关气室压力低告警"等信号。

1. 220kV××线261开关由线路检修转冷备用

调度指令：拉开220kV××线26160接地隔离开关。

操作票项目：

（1）执行B2类检查项目。

（2）拉开××线26160接地隔离开关。

（3）检查××线26160接地隔离开关确在分闸位置。

（4）人工确认（检查××线26160接地隔离开关遥信、遥测无异常）。

2. 220kV××线261开关由冷备用转Ⅰ母热备用

调度指令：将220kV××线261开关由冷备用转Ⅰ母热备用。

操作票项目：

（1）执行B2类检查项目。

（2）检查××线261开关确在分闸位置。

（3）检查××线261开关三相确无电流。

（4）检查××线2612隔离开关确在分闸位置。

（5）合上××线2611隔离开关。

（6）检查合上××线2611隔离开关确在合闸位置。

（7）人工确认（检查××线2611隔离开关遥信、遥测无异常，二次电压切换正常）。

（8）合上××线2616隔离开关。

（9）检查合上××线2616隔离开关确在合闸位置。

（10）人工确认（检查××线2616隔离开关遥信、遥测无异常）。

3. 220kV××线261开关由Ⅰ母热备用转运行

调度指令：将220kV××线261开关由Ⅰ母热备用转运行。

操作票项目：

（1）执行A2类检查项目。

（2）合上××线261开关。

（3）检查××线261开关确在合闸位置。

（4）人工确认（检查××线261开关遥信、遥测无异常）。

（二）220kV Ⅰ母运行元件倒至Ⅱ母运行

假设运行在220kVⅠ母上的只有261和201间隔。220kVⅠ母运行元件倒至Ⅱ母运行的倒母线操作不是一个综合程序而是由多个单一程序组合而成，包括212开关由热备用转运行、261开关由Ⅰ母倒至Ⅱ母运行、201开关由Ⅰ母倒至Ⅱ母运行和212开关由运行转热备用。在倒母线操作前应确保212开关已操作至合闸位置。212开关由热备用转运行和运行转热备用时程序化操作执行A3类检查项目详见附录D7，261开关由Ⅰ母倒至Ⅱ母运行时程序化操作执行D1类检查项目详见附录D8，201开关由Ⅰ母倒至Ⅱ母运行时程序化操作执行D2类检查项目详见附录D9。

1. 220kV母联212开关由热备用转运行

调度指令：将220kV母联212开关由热备用转运行。

操作票项目：

（1）执行C2类检查项目。

（2）检查220kV母联212开关确在合闸位置。

（3）检查220kV母联2121、2122隔离开关确在合闸位置。

2. 220kV××线261开关由Ⅰ母倒至Ⅱ母运行

调度指令：将220kV××线261开关由Ⅰ母运行倒至Ⅱ母运行。

操作票项目：

（1）执行E2类检查项目。

（2）检查220kV母联212开关确在合闸位置。

（3）检查220kV母联2121、2122隔离开关确在合闸位置。

（4）检查220kV母线1号保护屏220kV母线保护A套主机保护无异常信号。

（5）投入220kV母线1号保护屏220kV母线保护A套主机保护母线互联软压板。

（6）检查220kV母线1号保护屏220kV母线保护A套主机保护母线互联软压板开入量正常。

（7）检查220kV母线2号保护屏220kV母线保护B套主机保护无异常信号。

（8）投入220kV母线2号保护屏220kV母线保护B套主机保护母线互联软压板。

（9）检查220kV母线2号保护屏220kV母线保护B套主机保护母线互联软压板开入量正常。

（10）暂停（人工操作：拉开220kV母联212开关操作电源一）。

（11）暂停（人工操作：拉开220kV母联212开关操作电源二）。

（12）合上××线2632隔离开关。

（13）检查××线2632隔离开关确在合闸位置。

（14）人工确认（检查××线2632隔离开关遥信、遥测无异常，二次电压切换正常）。

（15）拉开××线2631隔离开关。

（16）检查××线2631隔离开关确在合闸位置。

（17）人工确认（检查××线2631隔离开关遥信、遥测无异常，二次电压切换正常）。

（18）暂停（人工操作：合上220kV母联212开关操作电源一）。

（19）暂停（人工操作：合上220kV母联212开关操作电源二）。

（20）退出220kV母线1号保护屏220kV母线保护A套主机保护母线互联软压板。

（21）退出220kV母线2号保护屏220kV母线保护B套主机保护母线互联软压板。

3．1号主变压器201开关由Ⅰ母倒至Ⅱ母运行

调度指令：将1号主变压器201开关由Ⅰ母运行倒至Ⅱ母运行。

操作票项目：

（1）执行F2类检查项目。

（2）检查220kV母联212开关确在合闸位置。

（3）检查220kV母联2121、2122隔离开关确在合闸位置。

（4）检查220kV母线1号保护屏220kV母线保护A套主机保护无异常信号。

（5）投入220kV母线1号保护屏220kV母线保护A套主机保护母线互联软压板。

（6）检查220kV母线1号保护屏220kV母线保护A套主机保护母线互联软压板开入量正常。

（7）检查220kV母线2号保护屏220kV母线保护B套主机保护无异常信号。

（8）投入220kV母线2号保护屏220kV母线保护B套主机保护母线互联软压板。

（9）检查220kV母线2号保护屏220kV母线保护B套主机保护母线互联软压板开入量正常。

（10）暂停（人工操作：拉开220kV母联212开关操作电源一）。

（11）暂停（人工操作：拉开220kV母联212开关操作电源二）。

（12）合上1号主变压器2012隔离开关。

（13）检查1号主变压器2012隔离开关确在合闸位置。

（14）人工确认（检查1号主变压器2012隔离开关遥信、遥测无异常，二次电压切换正常）。

（15）拉开1号主变压器2011隔离开关。

（16）检查1号主变压器2011隔离开关确在合闸位置。

（17）人工确认（检查1号主变压器2011隔离开关遥信、遥测无异常，二次电压切换正常）。

（18）暂停（人工操作：合上220kV母联212开关操作电源一）。

（19）暂停（人工操作：合上220kV母联212开关操作电源二）。

（20）退出220kV母线1号保护屏220kV母线保护A套主机保护母线互联软压板。

（21）退出220kV母线2号保护屏220kV母线保护B套主机保护母线互联软压板。

4. 220kV母联212开关由运行转热备用

调度指令：将220kV母联212开关由运行转热备用。

操作票项目：

（1）执行C2类检查项目。

（2）拉开220kV母联212开关。

（3）检查220kV母联212开关确在合闸位置。

（4）人工确认（检查220kV母联212开关遥信、遥测无异常）。

附录A　110kV智能变电站压板

A1　110kV备自投及112开关保护压板

110kV备自投及112开关保护压板见表A1。

表A1　　　　　　　110kV备自投及112开关保护压板

110kV备自投装置软压板（110kV内桥保护测控及备自投屏）					
功能软压板	压板状态	GOOSE发送软压板	压板状态	SV接收软压板	压板状态
151开关自投	1	151开关网跳出口	1	151开关SV接收	1
152开关自投	1	152开关网跳出口	1	152开关SV接收	1
112开关自投	1	112开关网跳出口	1	112开关SV接收	1
		151开关网合出口	1		
		152开关网合出口	1		
		112开关网合出口	1		
110kV母联112开关保护软压板（110kV内桥保护测控及备自投屏）					
功能软压板	压板状态	GOOSE发送软压板	压板状态	SV接收软压板	压板状态
充电过流保护	0	112开关保护跳闸出口	1	112开关SV接收	1
远方投退压板	0				
远方切换定值区	0				
远方修改定值	0				
110kV内桥保护测控及备自投屏硬压板					压板状态
8KLP1110kV母联112开关保护装置检修投退					0
8KLP2110kV母联112开关保护远方操作投退					0
8KLP3110kV母联112开关测控远方操作投退					1
31KLP1110kV母联112开关备自投保护装置检修投退					0
31KLP2110kV母联112开关备自投保护远方操作投退					0
31KLP3110kV母联112开关备自投保护总闭锁投退					0

A2　110kV线路保护压板

110kV线路保护压板见表A2。

表A2　　　　　　　　　　110kV线路保护压板

110kV××一线151开关保护测控装置软压板（110kV线路保护测控屏）					
功能软压板	压板状态	GOOSE发送软压板	压板状态	SV接收软压板	压板状态
纵联差动保护	1	151开关直跳出口	1	151开关保护SV接收	1
距离压板	1	151开关重合闸出口	0		
零序过流保护	1				
停用重合闸	1				
远方投退压板	0				
远方切换定值区	0				
远方修改定值	0				

110kV××二线152开关保护测控装置软压板（110kV线路保护测控屏）					
功能软压板	压板状态	GOOSE发送软压板	压板状态	SV接收软压板	压板状态
纵联差动保护	1	152开关直跳出口	1	152开关保护SV接收	1
距离压板	1	152开关重合闸出口	0		
零序过流保护	1				
停用重合闸	1				
远方投退压板	0				
远方切换定值区	0				
远方修改定值	0				

110kV线路保护测控屏硬压板	压板状态
1-1kLP1110kV××一线151开关保护远方操作投退	0
1-1kLP2110kV××一线151开关测控远方操作投退	1
1-1kLP3110kV××一线151开关测控逻辑解锁投退	0
1-1kLP4110kV××一线151开关保护装置检修投退	0
2-1kLP1110kV××二线152开关保护远方操作投退	0
2-1kLP2110kV××二线152开关测控远方操作投退	1
2-1kLP3110kV××二线152开关测控逻辑解锁投退	0
2-1kLP4110kV××二线152开关保护装置检修投退	1

续表

110kVSV一线151开关智能汇控柜硬压板	压板状态
4CLP1151开关保护跳闸出口	1
4CLP2151开关保护合闸出口	0
4CLP3151开关遥控出口	0
4CLP41511隔离开关遥控出口	1
4CLP51516隔离开关遥控出口	1
4CLP61516隔离开关遥控出口	1
4CLP715130接地隔离开关遥控出口	1
4CLP815140接地隔离开关遥控出口	1
4CLP915160接地隔离开关遥控出口	1
4CLP1015180接地隔离开关遥控出口	1
4KLP151开关智能终端检修	1
13KLP151开关保护及1B差动合并单元检修	1
110kV××二线152开关智能汇控柜硬压板	**压板状态**
4CLP1152开关保护跳闸出口	1
4CLP2152开关保护合闸出口	0
4CLP3152开关遥控出口	1
4CLP41522隔离开关遥控出口	1
4CLP51526隔离开关遥控出口	1
4CLP61526隔离开关遥控出口	1
4CLP715230接地隔离开关遥控出口	1
4CLP815240接地隔离开关遥控出口	1
4CLP915260接地隔离开关遥控出口	1
4CLP1015280接地隔离开关遥控出口	1
4KLP152开关智能终端检修	0
13KLP152开关保护及2B差动合并单元检修	0

A3　110kV TV和1、2号主变压器智能汇控柜硬压板

110kV TV和1、2号主变压器智能汇控柜硬压板见表A3。

表A3　　　　　　　110kV TV和1、2号主变压器智能汇控柜硬压板

110kV Ⅰ母TV智能汇控柜硬压板	压板状态	备注
4CLP41181隔离开关遥控出口	1	110kV Ⅰ母TV智能汇控柜上有电压并列切换开关，位置分别为"Ⅱ母""Ⅰ母"以及"解列"
4CLP51110接地隔离开关遥控出口	1	
4CLP611810接地隔离开关遥控出口	1	
4KLP Ⅰ母TV智能终端检修	0	
13KLP母线合并单元检修	0	
110kV Ⅱ母TV智能汇控柜硬压板	压板状态	
4CLP41282隔离开关遥控出口	1	
4CLP51210接地隔离开关遥控出口	1	
4CLP612820接地隔离开关遥控出口	1	
4KLP Ⅱ母TV智能终端检修	0	
13KLP母线合并单元检修	0	
1号主变压器1011隔离开关智能汇控柜硬压板	压板状态	
4CLP41011隔离开关开关遥控出口	1	
4CLP510160接地隔离开关遥控出口	1	
4KLP1号主变压器高压侧智能终端检修	0	
2号主变压器1022隔离开关智能汇控柜硬压板	压板状态	
4CLP41022隔离开关遥控出口	1	
4CLP510260接地隔离开关遥控出口	1	
4KLP2号主变压器高压侧智能终端检修	0	
110kV母联112开关智能汇控柜硬压板	压板状态	
4CLP1112开关保护跳闸出口	1	
4CLP2112开关保护合闸出口	1	
4CLP3112开关遥控出口	1	

续表

1号主变压器本体智能终端柜硬压板	压板状态
4CLP1 1号主变压器非电量151开关出口	1
4CLP2 1号主变压器非电量112开关出口	1
4CLP3 1号主变压器非电量跳901开关出口	1
4CLP5 1号主变压器非电量闭锁110kV备自投	1
4CLP6有载调压升档遥控出口	1
4CLP7有载调压降档遥控出口	1
4CLP8有载调压急停遥控出口	1
4CLP9 1019接地隔离开关遥控出口	1
4KLP1投本体重瓦斯跳闸	1
4KLP2投有载重瓦斯跳闸	1
4KLP4投本体压力释放跳闸	0
4KLP5投有载压力释放跳闸	0
2号主变压器本体智能终端柜硬压板	**压板状态**
4CLP1 2号主变压器非电量152开关出口	1
4CLP2 2号主变压器非电量112开关出口	1
4CLP3 2号主变压器非电量跳902开关出口	1
4CLP4 2号主变压器非电量跳904开关出口	1
4CLP5 2号主变压器非电量闭锁110kV备自投	1
4CLP6有载调压升档遥控出口	1
4CLP7有载调压降档遥控出口	1
4CLP8有载调压急停遥控出口	1
4CLP9 1029隔离开关遥控出口	1
4KLP1投本体重瓦斯跳闸	1

续表

2号主变压器本体智能终端柜硬压板	压板状态
4KLP2投有载重瓦斯跳闸	1
4KLP4投本体压力释放跳闸	0
4KLP2投有载压力释放跳闸	0
1号主变压器901开关柜硬压板	**压板状态**
901开关差动保护合并单元检修	0
901开关后备保护合并单元检修	0
901开关遥控出口压板	1

附录B 继电保护典型标准化告警信息

B1 线路保护告警信息

线路保护告警信息见表B1。

表B1 　　　　　　　　　线路保护告警装置

序号	信息名称	说明
1	保护CPU插件异常	保护CPU插件出现异常，主要包括程序、定值、数据存储器出错等
2	TV断线	保护用的电压回路断线
3	同期电压异常	同期判断用的电压回路断线，通常为单相电压
4	TA断线	电流回路断线
5	长期有差流	长期有不正常的差动电流存在
6	TA异常	TA回路异常或采样回路异常
7	TV异常	TV回路异常或采样回路异常
8	过负荷告警	过负荷
9	管理CPU插件异常	管理CPU插件上有关芯片出现异常

续表

序号	信息名称	说明
10	开入异常	开入回路发生异常
11	电源异常	直流电源异常或光耦电源异常等
12	两侧差动投退不一致	两侧差动保护装置的差保护投入不一致
13	载波通道异常	载波通道发生异常
14	通道故障	通道发生异常
15	重合方式整定出错	重合闸控制字整定出错
16	对时异常	对时异常
17	SV总告警	SV所有异常的总报警
18	GOOSE总告警	GOOSE所有异常的总报警
19	SV采样数据异常	SV数据异常的信号
20	SV采样链路中断	链路中断，任意链路中断均要报警
21	GOOSE数据异常	GOOSE异常的信号
22	GOOSE链路中断	链路中断

B2　变压器保护告警信息

（1）220kV变压器保护告警信息见表B2。

表B2　　　　　　　　　　220kV变压器保护告警信息

序号	信息名称	说明
1	保护CPU插件异常	保护CPU插件出现异常，主要包括程序、定值、数据存储器出错等
2	高压侧TV断线	高压侧TV断线
3	中压侧TV断线	中压侧TV断线
4	低压1分支TV断线	低压1分支TV断线
5	低压2分支TV断线	低压2分支TV断线
6	高压1侧TA断线	高压1侧TA断线
7	高压2侧TA断线	高压2侧TA断线

续表

序号	信息名称	说明
8	中压侧TA断线	中压侧TA断线
9	低压1分支TA断线	低压1分支TA断线
10	低压2分支TA断线	低压2分支TA断线
11	差流越限	差流越限
12	管理CPU插件异常	管理CPU插件上有关芯片出现异常
13	开入异常	失灵GOOSE长期开入
14	高压侧过负荷	高压侧过负荷
15	中压侧过负荷	中压侧过负荷
16	低压侧过负荷	低压侧过负荷
17	公共绕组过负荷	自耦变
18	对时异常	对时异常
19	SV总告警	SV所有异常的总报警
20	GOOSE总告警	GOOSE所有异常的总报警
21	SV采样数据异常	SV数据异常的信号
22	SV采样链路中断	链路中断，任意链路中断均要报警
23	GOOSE数据异常	GOOSE异常的信号
24	GOOSE链路中断	链路中断

（2）500kV变压器保护告警信息见表B3。

表B3　　　　　　　　　　500kV变压器保护告警信息

序号	信息名称	说明
1	保护CPU插件异常	保护CPU插件出现异常，主要包括程序、定值、数据存储器出错等
2	高压侧TV断线	高压侧TV断线
3	中压侧TV断线	中压侧TV断线

续表

序号	信息名称	说明
4	低压侧TV断线	低压侧TV断线
5	高压1侧TA断线	高压1侧TA断线
6	高压2侧TA断线	高压2侧TA断线
7	中压侧TA断线	中压侧TA断线
8	低压侧TA断线	低压侧TA断线
9	公共绕组TA断线	公共绕组TA断线
10	低压绕组TA断线	低压绕组TA断线
11	纵差差流越限	纵差差流越限
12	分相差差流越限	分相差动差流越限
13	低小区差差流越限	低小区差差流越限
14	分侧差差流越限	分侧差差流越限
15	管理CPU插件异常	管理CPU插件上有关芯片出现异常
16	开入异常	失灵GOOSE长期开入
17	高压侧过负荷	高压侧过负荷
18	中压侧过负荷	中压侧过负荷
19	低压侧过负荷	低压侧过负荷
20	公共绕组过负荷	自耦变压器
21	对时异常	对时异常
22	SV总告警	SV所有异常的总报警
23	GOOSE总告警	GOOSE所有异常的总报警
24	SV采样数据异常	SV数据异常的信号
25	SV采样链路中断	链路中断，任意链路中断均要报警
26	GOOSE数据异常	GOOSE异常的信号
27	GOOSE链路中断	链路中断

B3　母线保护告警信息

（1）双母（双母双分段）接线母线保护告警信息见表B4。

表B4　　　　　　　双母（双母双分段）接线母线保护告警信息

序号	标准信息输出内容	说明
1	保护CPU插件异常	保护CPU插件出现异常，主要包括程序、定值、数据存储器出错等
2	支路TA断线 （线路、变压器）	线路（变压器）支路TA断线告警，闭锁母差保护
3	母联/分段TA断线	母线保护不进行故障母线选择，大差比率动作切除互联母线
4	Ⅰ母TV断线	保护元件中该段母线TV断线
5	Ⅱ母TV断线	保护元件中该段母线TV断线
6	管理CPU插件异常	管理CPU插件上有关芯片出现异常
7	通信中断	管理CPU和保护CPU通信异常
8	失灵启动开入异常	各支路启动失灵开入异常总信号
9	支路隔离开关位置异常	开入板件校验异常，相关开入接点误启动，保护已记忆原初始状态
10	母联跳位异常	母联跳位有流报警
11	分段1跳位异常	
12	分段2跳位异常	
13	母联非全相异常	母联非全相开入异常
14	分段1非全相异常	
15	分段2非全相异常	
16	对时异常	GPS对时异常
17	SV总告警	SV所有异常的总报警
18	GOOSE总告警	GOOSE所有异常的总报警
19	SV采样数据异常	SV数据异常的信号
20	SV采样链路中断	链路中断，任意链路中断均要报警
21	GOOSE数据异常	GOOSE异常的信号
22	GOOSE链路中断	链路中断

（2）双母单分段接线母线保护告警信息见表B5。

表B5   双母单分段接线母线保护告警信息

序号	标准信息输出内容	说明
1	保护CPU插件异常	保护CPU插件出现异常，主要包括程序、定值、数据存储器出错等
2	支路TA断线 (线路、变压器)	线路支路TA断线告警，闭锁母差保护
3	母联/分段TA断线	母线保护不进行故障母线选择，大差比率动作切除互联母线
4	Ⅰ母TV断线	保护元件中该段母线TV断线
5	Ⅱ母TV断线	保护元件中该段母线TV断线
6	Ⅲ母TV断线	保护元件中该段母线TV断线
7	管理CPU插件异常	管理CPU插件上有关芯片出现异常
8	通信中断	管理CPU和保护CPU通信异常
9	失灵启动开入异常	各支路启动失灵开入异常总信号
10	支路隔离开关位置异常	开入板件校验异常，相关开入接点误启动，保护已记忆原初始状态
11	母联1跳位异常	母联跳位有流报警
12	分段跳位异常	
13	母联2跳位异常	
14	母联1非全相异常	母联非全相开入异常
15	分段非全相异常	
16	母联2非全相异常	
17	对时异常	GPS对时异常
18	SV总告警	SV所有异常的总报警
19	GOOSE总告警	GOOSE所有异常的总报警
20	SV采样数据异常	SV数据异常的信号
21	SV采样链路中断	链路中断，任意链路中断均要报警
22	GOOSE数据异常	GOOSE异常的信号
23	GOOSE链路中断	链路中断

B4 母联（分段）保护告警信息

母联（分段）保护告警信息见表B6。

表B6 母联（分段）保护告警信息

序号	标准信息输出内容	说明
1	保护CPU插件异常	保护CPU插件出现异常，主要包括程序、定值、数据存储器出错等
2	TA断线	电流回路断线
3	TA异常	TA回路异常或采样回路异常
4	管理CPU插件异常	管理CPU插件上有关芯片出现异常
5	对时异常	GPS对时异常
6	SV总告警	SV所有异常的总报警
7	GOOSE总告警	GOOSE所有异常的总报警
8	SV采样数据异常	SV数据异常的信号
9	SV采样链路中断	链路中断，任意链路中断均要报警
10	GOOSE数据异常	GOOSE异常的信号
11	GOOSE链路中断	链路中断

附录C 继电保护典型配置及软压板命名

C1 220kV变电站（双母线接线）保护配置

220kV变电站（双母线接线）保护配置见表C1。

表C1 220kV变电站（双母线接线）保护配置

间隔类型	间隔名称	装置	位置
110kV线路间隔	110kV出线开关	线路保护，如PRS-713-DK	110kV备用线161开关保护屏
110kV母联间隔	110kV母联112开关	母联充电保护，如CSC122ME	110kV母联112开关保护屏

续表

间隔类型	间隔名称	装置	位置
110kV母线间隔	110kV母线	母线保护，如PCS-915GA-ETB-M	110kV母线保护屏
220kV线路间隔	220kV××线263开关	1号线路保护，如CSC103BE	220kV××线263线路保护屏
		2号线路保护，如PRS-753-D	
220kV母联间隔	220kV母联212开关	1号充电保护，如PRS-723D	220kV母联212开关保护屏
		2号充电保护，如CSC-122BE	
220kV母线间隔	220kV母线	1号母线保护，如PCS-915GA-ETB-MD	220kV母线1号保护屏
		2号母线保护，如SG-750	220kV母线2号保护屏
主变压器	1号主变压器保护	1号主变压器保护，如PCS-978GE-D	1号主变压器保护屏
		2号主变压器保护，如PST1200U	
		非电量保护，如PRS-761-D	1号主变压器本体智能终端柜
	2号主变压器保护	1号主变压器保护，如PCS-978GE-D	2号主变压器保护屏
		2号主变压器保护，如PST1200U	
		非电量保护，如PRS-761-D	2号主变压器本体智能终端柜
10kV站用间隔	10kV××号站用接地变压器96××	接地变压器保护，如NS3697	10kV××号站用接地变压器96××开关柜
10kV电容间隔	10kV电容××路97××开关	电容器保护，如NS3670	10kV电容××路97××开关柜
10kV出线间隔	10kV出线开关	线路保护，如NS3611	10kV出线开关柜
10kV分段间隔	10kV分段912开关	充电保护，如NS3640-MU	10kV分段912开关柜

C2 1号主变压器1号保护（PCS-978GE-D）软压板命名

1号主变压器1号保护（PCS-978GE-D）软压板命名见表C2。

表C2　　　　　　　1号主变压器1号保护（PCS-978GE-D）软压板命名

原有名称	建议现在名称	原有名称	建议现在名称	原有名称	建议现在名称
GOOSE发送软压板	**GOOSE发送软压板**	**GOOSE接收软压板**	**GOOSE接收软压板**	**SV软压板**	**SV软压板**
跳201开关GOOSE发送软压板	201开关直跳出口	高压侧失灵联跳接收GOOSE接收软压板	201开关失灵联跳接收	高压侧合并单元SV接收软压板	201开关SV接收
跳高压侧开关2GOOSE发送软压板	备用（201开关跳闸出口）	中压侧失灵联跳接收GOOSE接收软压板	101开关失灵联跳接收	中压侧合并单元SV接收软压板	101开关SV接收
跳高压侧开关3GOOSE发送软压板	备用（201开关跳闸出口）			中性点合并单元SV接收软压板	1号主变压器中性点SV接收
跳212开关GOOSE发送软压板	212开关网跳出口			低压1侧合并单元SV接收软压板	901开关SV接收
跳高压侧母联2GOOSE发送软压板	备用（212开关跳闸出口）			低压2侧合并单元SV接收软压板	904开关SV接收
跳高压侧母联3GOOSE发送软压板	备用（212开关跳闸出口）				
跳101开关GOOSE发送软压板	101开关直跳出口				
跳112开关GOOSE发送软压板	112开关网跳出口				
跳中压侧母联2GOOSE发送软压板	备用（112开关跳闸出口）				
跳中压侧母联3GOOSE发送软压板	备用（112开关跳闸出口）				

原有名称	建议现在名称	原有名称	建议现在名称	原有名称	建议现在名称
GOOSE发送软压板	GOOSE发送软压板	GOOSE接收软压板	GOOSE接收软压板	SV软压板	SV软压板
跳低1分支901开关GOOSE发送软压板	901开关直跳出口				
跳低压侧1分段1GOOSE发送软压板	备用（10kV 1分段跳闸出口）				
跳低压侧1分段2GOOSE发送软压板	备用（10kV 1分段跳闸出口）				
跳低2分支904开关GOOSE发送软压板	904开关直跳出口				
跳923开关GOOSE发送软压板	923开关网跳出口				
跳低压侧2分段2GOOSE发送软压板	备用（923开关跳闸出口）				
闭锁中压备自投GOOSE发送软压板	备用（闭锁110kV备自投出口）				
闭锁低压1分支备自投1GOOSE发送软压板	备用（闭锁10kV 1分支自投出口）				
闭锁低压1分支备自投2 GOOSE发送软压板	备用（闭锁10kV 1分支自投出口）				
闭锁923备自投GOOSE发送软压板	闭锁10kV分段923备自投出口				
闭锁低压2分支备自投2 GOOSE发送软压板	备用（闭锁10kV分段923备自投出口）				
高压侧启失灵GOOSE发送软压板	201开关启动失灵出口				
高压侧解复压GOOSE发送软压板	201开关失灵解除复压出口				
中压侧启失灵GOOSE发送软压板	101开关启动失灵出口				

续表

原有名称	建议现在名称	原有名称	建议现在名称	原有名称	建议现在名称
GOOSE发送软压板	**GOOSE发送软压板**	**GOOSE接收软压板**	**GOOSE接收软压板**	**SV软压板**	**SV软压板**
中压侧解复压GOOSE发送软压板	101开关失灵解除复压出口				
跳闸备用3-1 GOOSE发送软压板	备用（跳闸出口）				
跳闸备用3-2 GOOSE发送软压板	备用（跳闸出口）				
跳闸备用4-1 GOOSE发送软压板	备用（跳闸出口）				
跳闸备用4-2 GOOSE发送软压板	备用（跳闸出口）				
跳闸备用4-3 GOOSE发送软压板	备用（跳闸出口）				

附录D　程序化操作检查项目

D1　A1类（110kV线路开关）检查项目

A1类（110kV线路开关）检查项目见表D1。

表D1　　　　　　　　　　A1类（110kV线路开关）检查项目

ＸＸ线151 A1类检查项目		
适用于ＸＸ线151开关运行转热备用、热备用转运行		
装置类型	发出信号	检查原因
合并单元	合并单元装置闭锁	合并单元异常影响分合开关时保护正常动作
	合并单元装置告警	
	合并单元采样异常	
	合并单元装置检修	

续表

装置类型	发出信号		检查原因
	ＸＸ线151 A1类检查项目		
	适用于ＸＸ线151开关运行转热备用、热备用转运行		
智能终端	智能终端装置告警		智能终端异常影响分合开关时保护正常动作
	智能终端GOOSE总告警		
	智能终端检修		
	智能终端事故总信号		
	智能终端控制回路断线		
	智能终端闭锁		
断链信号	智能终端收	智能终端接收110kVＸＸ线保护GOOSE组网断链	影响智能终端接收线路保护下传的信号
		智能终端接收110kVＸＸ线路保护GOOSE直跳断链	影响智能终端对线路保护动作的正常出口
		智能终端接收1号主变压器差动保护GOOSE直跳断链	影响智能终端对主变压器差动保护动作的正常出口
		智能终端接收1号主变压器高后备保护GOOSE直跳断链	影响智能终端对主变压器高后备保护动作的正常出口
		智能终端接收1号主变压器低后备保护GOOSE直跳断链	影响智能终端对主变压器低后备保护动作的正常出口
		智能终端接收110kV备自投GOOSE断链	影响智能终端对主变压器低后备保护动作的正常出口
	保护测控收	保护测控接收智能终端GOOSE（保护用）断链	影响保护接收智能终端上送的信号
		保护测控接收智能终端GOOSE1（测控用）断链	影响测控接收智能终端上送的信号
		保护测控接收智能终端GOOSE2（测控用）断链	影响测控接收智能终端上送的信号
		保护测控接收合并单元GOOSE/SV组网断链	影响保护接收合并单元上送的信号
		保护测控接收110kV备自投GOOSE断链	影响保护接收110kV备自投上送的信号
		保护测控接收合并单元SV直采断链	保护直采断链影响保护装置正常动作

续表

XX线151 A1类检查项目		
适用于XX线151开关运行转热备用、热备用转运行		
装置类型	发出信号	检查原因
保护信号	保护测控装置检修	影响保护装置的正常动作
	保护测控装置"闭锁/告警"	
汇控柜信号	线路汇控柜开关机构弹簧未储能	影响开关正常操作
	线路汇控柜开关电机超时运转	
	线路汇控柜交直流空开跳闸	
	线路汇控柜开关气室压力低报警	
	线路汇控柜开关气室压力低闭锁	
	线路汇控柜联锁解除	造成解锁操作
	线路汇控柜开关就地控制	影响开关的远方操作
拉合开关后检查	1号主变压器高后备保护告警	开关动作后判断相关保护是否正常
	110kV进线桥备自投装置闭锁	
	110kV进线桥备自投装置告警	

D2 B1类（110kV线路开关）检查项目

B1类（110kV线路开关）检查项目见表D2。

表D2　　　　　　　　B1类（110kV线路开关）检查项目

XX线151 B1类检查项目		
适用于151开关热备用转冷备用，冷备用转热备用；151开关冷备用转检修，检修转冷备用；线路冷备用转检修，检修转冷备用；151开关及线路冷备用转检修，检修转冷备用		
装置类型	发出信号	检查原因
智能终端	智能终端装置"闭锁/告警"	智能终端异常影响分合开关时保护正常动作
	智能终端GOOSE总告警	
	智能终端检修	
	智能终端事故总信号	
	智能终端控制回路断线	

续表

××线151 B1类检查项目		
适用于151开关热备用转冷备用，冷备用转热备用；151开关冷备用转检修，检修转冷备用；线路冷备用转检修，检修转冷备用；151开关及线路冷备用转检修，检修转冷备用		
装置类型	发出信号	检查原因
断链信号	智能终端收 智能终端接收110kV××线保护GOOSE组网断链	影响智能终端接收线路保护下传的信号
	保护测控收 保护测控接收智能终端GOOSE（保护用）断链	影响保护接收智能终端上送的信号
	保护测控接收智能终端GOOSE1（测控用）断链	影响测控接收智能终端上送的信号
	保护测控接收智能终端GOOSE2（测控用）断链	影响测控接收智能终端上送的信号
保护信号	保护测控装置检修	影响保护装置的正常动作
	保护测控装置"闭锁/告警"	
汇控柜信号	线路汇控柜其他气室压力低报警	影响开关正常操作
	线路汇控柜交直流空气开关跳闸	
	线路汇控柜联锁解除	造成解锁操作
	线路汇控柜隔离接地隔离开关就地控制	影响隔离开关的远方操作

D3　C1类（110kV分段开关）检查项目

C1类（110kV分段开关）检查项目见表D3。

表D3　　　　　　　　　　　C1类（110kV分段开关）检查项目

分段112开关C1类检查项目		
适用于110kV分段112开关运行转热备用、热备用转运行		
装置类型	发出信号	检查原因
合并单元	110kV分段合并单元1装置检修	合并单元异常影响分合开关时保护正常动作
	110kV分段合并单元1装置告警	
	110kV分段合并单元1采样异常	
	110kV分段合并单元1装置闭锁	
	110kV分段合并单元2装置检修	
	110kV分段合并单元2装置告警	
	110kV分段合并单元2采样异常	
	110kV分段合并单元2装置闭锁	

续表

分段112开关C1类检查项目			
适用于110kV分段112开关运行转热备用、热备用转运行			
装置类型	发出信号		检查原因
智能终端	110kV分段智能终端检修		智能终端异常影响分合开关时保护正常动作
	110kV分段智能终端装置闭锁		
	110kV分段智能终端装置告警		
	110kV分段智能终端控制回路断线		
	110kV分段智能终端GOOSE总告警		
	110kV分段智能终端事故总信号		
断链信号	智能终端收	110kV分段智能终端接收110kV分段保护GOOSE组网断链	影响智能终端接收110kV分段开关保护下传的信号
	保护测控收	110kV分段保护测控接收合并单元1 SV直采断链	保护直采断链影响保护装置正常动作
		110kV分段保护测控接收智能终端GOOSE（保护用）断链	影响保护接收智能终端上送的信号
		110kV分段保护测控接收智能终端GOOSE 1（测控用）断链	影响测控接收智能终端上送的信号
		110kV分段保护测控接收智能终端GOOSE 2（测控用）断链	影响测控接收智能终端上送的信号
		110kV分段保护测控接收合并单元1 GOOSE/SV组网断链	影响保护接收合并单元1上送的信号
		110kV分段保护测控接收合并单元2 GOOSE/SV组网断链	影响保护接收合并单元2上送的信号
保护信号	110kV分段保护测控装置"闭锁/告警"		影响保护装置的正常动作
	110kV分段保护测控检修状态		
汇控柜信号	110kV分段保护测控投近控		影响开关正常操作
	110kV分段汇控柜开关机构弹簧未储能		
	110kV分段汇控柜开关电机超时运转		
	110kV分段汇控柜开关气室压力低报警		
	110kV分段汇控柜交直流空气开关跳闸		
	110kV分段汇控柜开关气室压力低闭锁		

续表

分段112开关C1类检查项目		
适用于110kV分段112开关运行转热备用、热备用转运行		
装置类型	发出信号	检查原因
汇控柜信号	110kV分段汇控柜联锁解除	造成解锁操作
	110kV分段汇控柜开关就地控制	影响开关的远方操作
拉合开关后检查	1号主变压器保护装置"闭锁/告警"	开关动作后判断相关保护是否正常
	2号主变压器保护装置"闭锁/告警"	
	110kV进线桥备自投装置"闭锁/告警"	

D4　D1类（110kV分段开关）检查项目

D1类（110kV分段开关）检查项目见表D4。

表D4　　　　　　　　D1类（110kV分段开关）检查项目

分段112开关C2类检查项目			
适用于110kV分段112开关热备用转冷备用、冷备用转检修，112开关检修转冷备用、冷备用转热备用			
装置类型	发出信号		检查原因
智能终端	110kV分段智能终端检修		智能终端异常影响分合开关时保护正常动作
	110kV分段智能终端装置"闭锁/告警"		
	110kV分段智能终端GOOSE总告警		
断链信号	智能终端收	110kV分段智能终端接收110kV分段保护GOOSE组网断链	影响智能终端接收110kV分段开关保护下传的信号
	保护测控收	110kV分段保护测控接收智能终端GOOSE（保护用）断链	影响保护接收智能终端上送的信号
		110kV分段保护测控接收智能终端GOOSE 1（测控用）断链	影响测控接收智能终端上送的信号
		110kV分段保护测控接收智能终端GOOSE 2（测控用）断链	影响测控接收智能终端上送的信号
保护信号	110kV分段保护测控装置"闭锁/告警"		影响保护装置的正常动作
	110kV分段保护测控检修状态		

续表

分段112开关C2类检查项目		
适用于110kV分段112开关热备用转冷备用、冷备用转检修，112开关检修转冷备用、冷备用转热备用		
装置类型	发出信号	检查原因
汇控柜信号	110kV分段保护测控投近控	影响开关正常操作
	110kV分段汇控柜其他气室压力低报警	
	110kV分段汇控柜交直流空气开关跳闸	
	110kV分段汇控柜联锁解除	造成解锁操作
	110kV分段汇控柜隔离开关就地控制	影响隔离开关的远方操作

D5 A2类（220kV线路开关）检查项目

A2类（220kV线路开关）检查项目见表D5。

表D5　　　　　　　　　　A2类（220kV线路开关）检查项目

××261开关A2类检查项目		
适用于261开关运行转热备用、热备用转运行		
装置类型	发出信号	检查原因
合并单元	合并单元A装置检修	合并单元异常影响分合开关时保护正常动作
	合并单元A装置告警	
	合并单元A采样异常	
	合并单元A装置闭锁	
	合并单元B装置检修	
	合并单元B装置告警	
	合并单元B采样异常	
	合并单元B装置闭锁	
智能终端	智能终端A检修	智能终端异常影响分合开关时保护正常动作
	智能终端A闭锁	
	智能终端A告警	
	智能终端A GOOSE总告警	
	智能终端B检修	
	智能终端B闭锁	
	智能终端B告警	
	智能终端B GOOSE总告警	
	事故总信号	
	控制回路断线	

续表

装置类型	发出信号	检查原因
××261开关A2类检查项目		
适用于261开关运行转热备用、热备用转运行		
断链信号	智能终端收	智能终端A接收220kV××261线路保护装置A GOOSE直跳断链	影响智能终端1接收本间隔1号线路保护下传的信号
		智能终端A接收220kV××261线路保护装置A GOOSE组网断链	影响智能终端1接收本间隔1号线路保护下传的信号
		智能终端B接收220kV××261线路保护装置B GOOSE直跳断链	影响智能终端2接收本间隔2号线路保护下传的信号
		智能终端B接收220kV××261线路保护装置B GOOSE组网断链	影响智能终端2接收本间隔2号线路保护下传的信号
		智能终端A接收220kV母线保护A GOOSE直跳断链	影响智能终端1接收1号母线保护下传的信号
		智能终端B接收220kV母线保护B GOOSE直跳断链	影响智能终端2接收2号母线保护下传的信号
		智能终端A收线路测控GOOSE断链	影响智能终端1接收本线路测控装置下传的信号
	保护装置收	保护装置A接收智能终端A GOOSE开关位置及闭锁重合闸直采断链	影响1号线路保护接收1号智能终端上送的信号
		保护装置A接收220kV母线保护A GOOSE闭锁重合闸网采断链	影响1号线路保护接收1号母线保护的信号
		保护装置A接收220kV母线保护A GOOSE远方跳闸网采断链	影响1号线路保护接收1号母线保护的信号
		保护装置A接收本间隔合并单元A SV通信中断	1号线路保护直采断链影响保护装置正常动作
		保护装置B接收智能终端B GOOSE开关位置及闭锁重合闸直采断链	影响2号线路保护接收2号智能终端上送的信号
		保护装置B接收220kV母线保护B GOOSE闭锁重合闸网采断链	影响2号线路保护接收2号母线保护的信号
		保护装置B接收220kV母线保护B GOOSE远方跳闸网采断链	影响2号线路保护接收2号母线保护的信号
		保护装置B接收本间隔合并单元B SV通信中断	2号线路保护直采断链影响线路保护装置正常动作
	测控装置收	测控收智能终端A套位置GOOSE断链	影响测控装置收1号智能终端上送位置
		测控收智能终端A套信号GOOSE断链	影响测控装置收1号智能终端上送信号
		测控收智能终端B套位置GOOSE断链	影响测控装置收2号智能终端上送位置
		测控收智能终端B套信号GOOSE断链	影响测控装置收2号智能终端上送信号

续表

××261开关A2类检查项目		
适用于261开关运行转热备用、热备用转运行		
装置类型	发出信号	检查原因
保护信号	保护装置A"闭锁/告警"	影响保护装置的正常动作
	保护装置B"闭锁/告警"	
	保护装置A检修状态	
	保护装置B检修状态	
	测控装置检修状态	
汇控柜信号	测控投近控	影响开关正常操作
	开关机构弹簧未储能	
	开关电机超时运转	
	开关气室压力低报警	
	交直流空气开关跳闸	
	开关气室压力低闭锁	
	联锁解除	造成解锁操作
	开关就地控制	影响开关的远方操作

D6 B2类（220kV线路开关）检查项目

B2类（220kV线路开关）检查项目见表D6。

表D6　　　　　　　　　　B2类（220kV线路开关）检查项目

××261开关B2类检查项目		
适用于261开关由热备用转冷备用、冷备用转检修，检修转冷备用、冷备用转热备用		
装置类型	发出信号	检查原因
智能终端	智能终端A检修	智能终端异常影响分合开关时保护正常动作
	智能终端A闭锁	
	智能终端A告警	
	智能终端A GOOSE总告警	
	智能终端B检修	
	智能终端B闭锁	
	智能终端B告警	
	智能终端B GOOSE总告警	
	事故总信号	
	控制回路断线	

续表

××261开关B2类检查项目		
适用于261开关由热备用转冷备用、冷备用转检修，检修转冷备用、冷备用转热备用		
装置类型	**发出信号**	**检查原因**
断链信号	智能终端收	智能终端A收线路测控GOOSE断链	影响智能终端1接收本线路测控装置下传的信号
	保护装置收	保护装置A接收智能终端A GOOSE开关位置及闭锁重合闸直采断链	影响1号线路保护接收1号智能终端上送的信号
		保护装置B接收智能终端B GOOSE开关位置及闭锁重合闸直采断链	影响2号线路保护接收2号智能终端上送的信号
	测控装置收	测控收智能终端A套位置GOOSE断链	影响测控装置收1号智能终端上送位置
		测控收智能终端A套信号GOOSE断链	影响测控装置收1号智能终端上送信号
		测控收智能终端B套位置GOOSE断链	影响测控装置收2号智能终端上送位置
		测控收智能终端B套信号GOOSE断链	影响测控装置收2号智能终端上送信号
保护信号	保护装置A"闭锁/告警"		影响保护装置的正常动作
	保护装置B"闭锁/告警"		
	保护装置A检修状态		
	保护装置B检修状态		
	测控装置检修状态		
汇控柜信号	测控投近控		影响开关正常操作
	其他气室压力低报警		
	交直流空气开关跳闸		
	联锁解除		造成解锁操作
	隔离开关就地控制		影响开关的远方操作

D7　C2类（220kV母联开关）检查项目

C2类（220kV母联开关）检查项目见表D7。

表D7   C2类（220kV母联开关）检查项目

装置类型	发出信号		检查原因
	**212开关C2类检查项目**		
	适用于212开关运行转热备用、热备用转运行		
合并单元	合并单元A装置检修		合并单元异常影响分合开关时保护正常动作
	合并单元A装置告警		
	合并单元A采样异常		
	合并单元A装置闭锁		
	合并单元B装置检修		
	合并单元B装置告警		
	合并单元B采样异常		
	合并单元B装置闭锁		
智能终端	智能终端A检修		智能终端异常影响分合开关时保护正常动作
	智能终端A闭锁		
	智能终端A告警		
	智能终端A GOOSE总告警		
	智能终端B检修		
	智能终端B闭锁		
	智能终端B告警		
	智能终端B GOOSE总告警		
	事故总信号		
	控制回路断线		
断链信号	智能终端收	智能终端A接收保护装置A GOOSE直跳断链	影响智能终端1接收本间隔1号保护下传的信号
		智能终端B接收保护装置B GOOSE直跳断链	影响智能终端2接收本间隔2号保护下传的信号
		智能终端A接收220kV母线保护A GOOSE直跳断链	影响智能终端1接收1号母线保护下传的信号
		智能终端B接收220kV母线保护B GOOSE直跳断链	影响智能终端2接收2号母线保护下传的信号
		智能终端A收测控GOOSE断链	影响智能终端1接收本线路测控装置下传的信号
	保护装置收	保护装置A接收智能终端A GOOSE开关位置断链	影响本间隔1号保护接收1号智能终端上送的信号
		保护装置A接收本间隔合并单元A SV通信中断	本间隔1号保护直采断链影响保护装置正常动作
		保护装置B接收智能终端B GOOSE开关位置断链	影响本间隔2号保护接收2号智能终端上送的信号
		保护装置B接收本间隔合并单元B SV通信中断	本间隔2号保护直采断链影响线路保护装置正常动作

续表

212开关C2类检查项目			
适用于212开关运行转热备用、热备用转运行			
装置类型	发出信号		检查原因
断链信号	测控装置收	测控收智能终端A套位置GOOSE断链	影响测控装置收1号智能终端上送位置
		测控收智能终端A套信号GOOSE断链	影响测控装置收1号智能终端上送信号
		测控收智能终端B套位置GOOSE断链	影响测控装置收2号智能终端上送位置
		测控收智能终端B套信号GOOSE断链	影响测控装置收2号智能终端上送信号
保护信号	保护装置A"闭锁/告警"		影响保护装置的正常动作
	保护装置B"闭锁/告警"		
	保护装置A检修状态		
	保护装置B检修状态		
	测控装置检修状态		
汇控柜信号	测控投近控		影响开关正常操作
	开关机构弹簧未储能		
	开关电机超时运转		
	开关气室压力低报警		
	交直流空气开关跳闸		
	开关气室压力低闭锁		
	联锁解除		造成解锁操作
	开关就地控制		影响开关的远方操作

D8　E2类（220kV线路开关）检查项目

E2类（220kV线路开关）检查项目见表D8。

表D8　　　　　　　　　　E2类（220kV线路开关）检查项目

261开关E2类检查项目		
适用于261开关Ⅰ母倒Ⅱ母、Ⅱ母倒Ⅰ母		
装置类型	发出信号	检查原因
合并单元	合并单元A装置检修	合并单元异常影响分合开关时保护正常动作
	合并单元A装置告警	
	合并单元A采样异常	
	合并单元A装置闭锁	
	合并单元B装置检修	

261开关E2类检查项目		
适用于261开关Ⅰ母倒Ⅱ母、Ⅱ母倒Ⅰ母		
装置类型	发出信号	检查原因
合并单元	合并单元B装置告警	合并单元异常影响分合开关时保护正常动作
	合并单元B采样异常	
	合并单元B装置闭锁	
智能终端	智能终端A检修	智能终端异常影响分合开关时保护正常动作
	智能终端A闭锁	
	智能终端A告警	
	智能终端A GOOSE总告警	
	智能终端B检修	
	智能终端B闭锁	
	智能终端B告警	
	智能终端B GOOSE总告警	
	事故总信号	
	控制回路断线	
断链信号	智能终端收	智能终端A接收保护装置A GOOSE直跳断链	影响智能终端1接收本间隔1号保护下传的信号
		智能终端B接收保护装置B GOOSE直跳断链	影响智能终端2接收本间隔2号保护下传的信号
		智能终端A接收220kV母线保护A GOOSE直跳断链	影响智能终端1接收1号母线保护下传的信号
		智能终端B接收220kV母线保护B GOOSE直跳断链	影响智能终端2接收2号母线保护下传的信号
		智能终端A收测控GOOSE断链	影响智能终端1接收本线路测控装置下传的信号
	保护装置收	保护装置A接收智能终端A GOOSE开关位置断链	影响本间隔1号保护接收1号智能终端上送的信号
		保护装置A接收本间隔合并单元A SV通信中断	本间隔1号保护直采断链影响保护装置正常动作
		保护装置B接收智能终端B GOOSE开关位置断链	影响本间隔2号保护接收2号智能终端上送的信号
		保护装置B接收本间隔合并单元B SV通信中断	本间隔2号保护直采断链影响线路保护装置正常动作
	测控装置收	测控收智能终端A套位置GOOSE断链	影响测控装置收1号智能终端上送位置
		测控收智能终端A套信号GOOSE断链	影响测控装置收1号智能终端上送信号

续表

261开关E2类检查项目		
适用于261开关Ⅰ母倒Ⅱ母、Ⅱ母倒Ⅰ母		
装置类型	发出信号	检查原因
断链信号	测控装置收	测控收智能终端B套位置GOOSE断链	影响测控装置收2号智能终端上送位置
		测控收智能终端B套信号GOOSE断链	影响测控装置收2号智能终端上送信号
保护信号	保护装置A"闭锁/告警"	影响保护装置的正常动作
	保护装置B"闭锁/告警"	
	保护装置A检修状态	
	保护装置B检修状态	
	测控装置检修状态	
汇控柜信号	测控投近控	影响开关正常操作
	其他气室压力低报警	
	交直流空气开关跳闸	
	联锁解除	造成解锁操作
	隔离开关就地控制	影响开关的远方操作

D9　F2类（主变压器220kV侧开关）检查项目

F2类（主变压器220kV侧开关）检查项目见表D9。

表D9　　　　　　　　　　F2类（主变压器220kV侧开关）检查项目

201开关F2类检查项目		
适用于201开关Ⅰ母倒Ⅱ母、Ⅱ母倒Ⅰ母		
装置类型	发出信号	检查原因
合并单元	合并单元A装置检修	合并单元异常影响分合开关时保护正常动作
	合并单元A装置告警	
	合并单元A采样异常	
	合并单元A装置闭锁	
	合并单元B装置检修	
	合并单元B装置告警	
	合并单元B采样异常	
	合并单元B装置闭锁	

续表

201开关F2类检查项目		
适用于201开关 Ⅰ 母倒 Ⅱ 母、Ⅱ 母倒 Ⅰ 母		
装置类型	发出信号	检查原因
智能终端	智能终端A检修	智能终端异常影响分合开关时保护正常动作
	智能终端A闭锁	
	智能终端A告警	
	智能终端A GOOSE总告警	
	智能终端B检修	
	智能终端B闭锁	
	智能终端B告警	
	智能终端B GOOSE总告警	
	事故总信号	
	控制回路断线	
断链信号	智能终端收	智能终端A接收保护装置A GOOSE直跳断链	影响智能终端1接收1号主变压器1号保护下传的信号
		智能终端B接收保护装置B GOOSE直跳断链	影响智能终端2接收1号主变压器2号保护下传的信号
		智能终端A接收220kV母线保护A GOOSE直跳断链	影响智能终端1接收1号母线保护下传的信号
		智能终端B接收220kV母线保护B GOOSE直跳断链	影响智能终端2接收2号母线保护下传的信号
		智能终端A收测控GOOSE断链	影响智能终端1接收本线路测控装置下传的信号
	保护装置收	保护装置A接收220kV母线保护A GOOSE失灵联跳网采断链	影响1号主变压器1号保护接收1号母线保护上送的信号
		保护装置A接收GOOSE位置断链	1号主变压器1号保护直采断链影响保护装置正常动作
		保护装置A接收本间隔合并单元A SV通信中断	
		保护装置B接收220kV母线保护B GOOSE失灵联跳网采断链	影响1号主变压器2号保护接收2号母线保护上送的信号
		保护装置B接收GOOSE位置断链	1号主变压器2号保护直采断链影响保护装置正常动作
		保护装置B接收本间隔合并单元B SV通信中断	
	测控装置收	测控收智能终端A套位置GOOSE断链	影响测控装置收1号智能终端上送位置
		测控收智能终端A套信号GOOSE断链	影响测控装置收1号智能终端上送信号
		测控收智能终端B套位置GOOSE断链	影响测控装置收2号智能终端上送位置
		测控收智能终端B套信号GOOSE断链	影响测控装置收2号智能终端上送信号

续表

201开关F2类检查项目		
适用于201开关Ⅰ母倒Ⅱ母、Ⅱ母倒Ⅰ母		
装置类型	发出信号	检查原因
保护信号	保护装置A"闭锁/告警"	影响保护装置的正常动作
	保护装置B"闭锁/告警"	
	保护装置A检修状态	
	保护装置B检修状态	
	测控装置检修状态	
汇控柜信号	测控投近控	影响开关正常操作
	其他气室压力低报警	
	交直流空气开关跳闸	
	联锁解除	造成解锁操作
	隔离开关就地控制	影响开关的远方操作